印度洋拉克沙珊瑚岛的地貌学与物理海洋学

T. N. 普拉卡什

［印］　　L. 席拉·奈尔　　著

T. S. 沙胡尔·哈米德

林恢勇　译

U0347545

海洋出版社

2017 年·北京

图书在版编目（CIP）数据

印度洋拉克沙珊瑚岛的地貌学与物理海洋学/（印）T. N. 普拉卡什
(T. N. Prakash)，（印）L. 席拉·奈尔（L. Sheela Nair），（印）T. S. 沙胡尔·
哈米德（T. S. Shahul Hameed）著；林恢勇译. —北京：海洋出版社，2017. 11
　　书名原文：Geomorphology and Physical Oceanography of the Lakshadweep
Coral Islands in the Indian Ocean
　　ISBN 978-7-5027-9979-3

　　Ⅰ. ①印… 　Ⅱ. ①T… ②L… ③T… ④林… 　Ⅲ. ①印度洋-珊瑚岛-地貌
学-研究②印度洋-海洋物理学-研究　Ⅳ. ①P737.2②P733

中国版本图书馆 CIP 数据核字（2017）第 279376 号

图字：01-2017-4836

Translation from English language edition：Geomorphology and Physical Ocea-
nography of the Lakshadweep Coral Islands in the Indian Ocean by T. N.
Prakash，L. Sheela Nair，and T. S. Shahul Hameed
Copyright © 2015 The Author（s）
Springer International Publishing is a part of Springer Science+Business Media.
All Rights Reserved by the Publisher.

责任编辑：王　溪
责任印制：赵麟苏

海洋出版社　出版发行

http://www. oceanpress. com. cn
北京市海淀区大慧寺路 8 号　邮编：100081
北京画中画印刷有限公司印刷　新华书店北京发行所经销
2017 年 11 月第 1 版　2017 年 11 月第 1 次印刷
开本：787mm×1092mm　1/16　印张：7.75
字数：118 千字　定价：48.00 元
发行部：62132549　邮购部：68038093　总编室：62114335
海洋版图书印、装错误可随时退换

序

位于距印度西海岸约 400 km 阿拉伯海里的拉克沙群岛（小珊瑚岛群）在战略上和经济上已经成为该国最重要地区之一，这些岛屿的特点是其水生生物多样性和蓝色潟湖浅水区的珊瑚沙，它覆盖近 40×10^4 km² 的专属经济区（EEZ）。在过去 20 年里，由于港口开发、海滨保护、休闲活动的开展，沿岸开发活动大幅度增多，这些活动以及它们与海岸过程的相互作用使很多地区出现侵蚀现象，侵蚀主要由西南季风期间的大浪产生。

印度国家地球科学研究中心（NCESS，原 CESS）已经进行了大量的研究工作，包括系统地采集侵蚀/冲积和波浪测量的基础数据。根据这些有价值的研究成果编写的本专著将对沙滩变迁、波候和海岸过程带来重大的贡献，而后者将最终影响到海岸线变迁和需要加以保护的地方的选择。该专著还涉及海岸过程的模拟工作，该模拟工作可以有效地通过数学模型完成。该书首次推出海岸带综合管理计划（ICZM），它涉及有效采取减灾措施和海岛海岸线可持续管理的内容。此外，书中还介绍了岛上的能源状况，作为一种技术上和经济上可行的岛上替代能源，介绍了一种多能源发电系统方案。

我确信，本书将为计划人员、研究人员和大学生提供有关拉克沙群岛有价值的基础数据，它一定会将全面开发这些岛屿的计划向前推进一步。

沙伊勒什·纳亚克

(Shailesh Nayak)

前　言

　　岛屿经常受到生态、经济和自然等方面的损害。印度洋中的拉克沙（Lakshadweep）群岛（小珊瑚岛群）由于其所处位置，比较少受诸如飓风、风暴潮、海啸等自然灾害的影响，但是从长期威胁方面考虑，海平面上升问题对这些岛屿来说，是一个重要的自然危险因素。由于拉克沙群岛面积小、地势低洼，在自然危险因素中，海岸侵蚀问题是这些岛屿面临的最严重威胁。岛屿侵蚀是由于自然和人为活动产生的。引起侵蚀的自然因素有大浪、强风、海流；而人为活动主要包括人类破坏珊瑚、建造防波堤和包括海岸保护在内的其他硬体建筑；岛屿侵蚀还受到沿岸海流的作用而产生的海滩沉积物搬运、波浪绕射在某个区段造成的能量聚集、长期积累下来的礁盘边缘高度降低等因素的影响。海岛较低的高程使它更容易受到大浪、极端天气条件造成的泛滥的影响。虽然联邦领土委员会在这些岛屿上已修建了海滨保护设施，但是很有必要进行长期监测研究，以便精确地确定侵蚀所造成的海岸线位置。需要进行综合的波候、海岸过程研究，以便探明影响海岸线变化的因素和确定需要进行保护的地段。通过数学模型可以有效地模拟海岸变化过程，海岛侵蚀的影响也能够很好地通过这个工具进行演示。模拟的结果能够为有效地建立灾害缓解机制和管理机制提供关键的信息。

　　岛上能源主要依赖柴油机，燃料必须大量从陆地运过来，装在油桶里，在燃油泄漏的情况下，敏感的岛屿环境可能受到影响。由于燃油的运输，与陆地相比，发电费用高得多。非常规能源，诸如太阳能、波浪能、风能等可以是岛上的替代能源。由于该岛的地理位置，除了季风季节外，全年都有太阳能。在季风季节里，波浪能和风能最大，可以加以利用。此外，拉克沙海的潜在波浪能大于沿岸海域的波浪能；同理，由于是开阔地带，岛上的风能也比陆地上要大。对能源经济性的初步研究表明，波浪/风力发电的成本与从陆地运过来的燃油发电的成本差不多，在岛上建立多能源综合发电系统是技术上、经济上可行的能源替代方案。

虽然这些岛屿长期以来被想象为"天堂"，但是它们令人神往的潟湖、珊瑚礁却面临越来越大的压力。岛上居民正在努力提高他们的生活水平，随着人口的增加，存在着干扰脆弱的生态系统的趋势，而对于岛屿来说，生态系统是它最宝贵的资源。随着时间的推移，人们趋向于过度开发自然资源，从而破坏环境。另一方面，全球变暖导致海平面升高，这可能破坏沿岸地区，甚至淹没掉一些地势较低的岛屿。这些因素都必然给岛屿的经济带来负面的影响，包括财产、渔业、旅游业、珊瑚礁以及淡水资源等。岛屿还对全球生物多样性做出重要的贡献，因为潟湖和珊瑚礁是很多稀有种群的栖息地。有迹象表明，这些从环境方面看属于敏感的栖息地正在遭受越来越大的压力，它给岛上的动植物种群带来很坏的影响，对于某些本地濒临灭绝的种群来说，它可能带来无可挽回的损失。为了全面地考虑这些活动，必须执行一项海岸带综合管理计划（ICZM），它将对岛屿进行可持续的管理提供帮助。

T. N. 普拉卡什

L. 席拉·奈尔

T. S. 沙胡尔·哈米德

致　谢

我们感谢印度政府地球科学部秘书沙伊勒什·纳亚克（Shailesh Nayak）博士批准这本书出版，还为它写了序言；我们十分感激特里凡得琅（Trivandrum）国家地球科学研究中心主任 N.P. 库里安（N. P. Kurian）博士，他为我们提供必要的设备，并对我们的手稿提出宝贵的评价；我们诚挚地感谢地球科学部（MoES）的 M. 索马桑达尔（M. Somasundar）博士，他是主持这次出版的执行主任；作者还感谢巴巴（Baba）博士（已退休），他是启动拉克沙群岛很多研究项目的原主任；我们真诚地感谢印度政府拉克沙岛联邦地区行政官，他在从 1989 年起的不同阶段里，为拉克沙岛的研究项目提供了资助。

下列部门和组织通过他们的承诺帮助岛上居民，多年来不知疲倦地支持我们的研究工作：拉克沙岛联邦地区卡瓦拉蒂（Kavaratti）岛科技部；印度政府环境和森林部；新德里印度气象局；金奈（Chennai）国家海洋技术研究所；金奈 ICMAN PD 地球科学部；拉克沙岛联邦地区村委员会主席和成员；拉克沙岛联邦地区港口工程、电力和公共设施局；卡瓦拉蒂岛科技部技术官员和环境区长；高知县（Kochi）阿鲁瓦（Aluva）计划人员和建设者卡普斯通（Kapston）女士。

还有很多公认的人物通过他们的个人努力用不同的方式为我们的工作提供帮助，特别值得一提的是，新德里科技部已故顾问 K. R. 古普塔（K. R. Gupta）博士的眼光，他与我们有过很多互动，并鼓励我们出版有关拉克沙岛的专著。

本书得到很多个人的帮助，他们使本书的出版成为可能：渥太华大学副教授泰德穆尔蒂（Tad Murty）；特里凡得琅 NCESS 海岸过程研究组组长 K. V. 托马斯（K. V. Thomas）博士；拉克沙岛联邦地区科技部部长（已退休）M. S. 赛义德·伊斯梅尔·高野（M. S. Syed Ismail Koya）博士；印度地质调查局局长（已退休）T. K. 马利克（T. K. Mallik）博士；班加罗尔卡纳塔克邦（Bangalore Karnataka）科技委员会执行秘书普里特维·拉吉（M. Prithvi Raj）博士；CESS 已故顾问 K. K. 拉马钱德兰（K. K. Ramachandran）博士；果阿（Goa）国家海洋研究所科学家 M. 瓦法（M. Wafar）博士（已退休）；印度政府环境和森林部（MoEF）主任 A. 圣提尔威尔（A. Senthilvel）博士；喀拉拉邦高知县（Kochi Kerala）渔业与海洋研究大学（KUFOS）副校长马德胡苏达纳·库鲁普（Madhusoodana Kurup）教授。

很多职员提供了室内与现场支持，特别是如下技术人员：D. 拉朱（D. Raju）先生、阿吉特·库马尔（Ajith Kumar）先生、威加亚库马兰·奈尔（A. Vijayakumaran Nair）先生、M. K. 斯里拉吉（M. K. Sreeraj）先生以及下列 NCESS 研究人员：提朱·艾·瓦伊斯（Tiju I. Varghese）先生、V. R. 沙姆吉（V. R. Shamji）先生、R. 普拉萨德（R. Prasad）先生、阿尼什·S. 阿南德（Anish S. Anand）先生、R. 拉维什（R. Raveesh）先生、S. 阿比拉什（S. Abhilash）先生、施尼娅·约瑟夫（Shinija Joseph）小姐、姆里纳尔·森（Mrinal Sen）女士和 E. K. 萨拉特·拉吉（E. K. Sarath Raj）先生，他们为本书的出版做出了贡献。

目　录

第 1 章
拉克沙群岛

摘　要　拉克沙群岛是一群位于印度洋的珊瑚岛，它拥有很多岛屿和小岛，包括水下浅滩，其覆盖的地理面积为 32 km^2。这些岛屿分为三个群体，各自的名称为拉克代夫（Laccadive）岛、阿明迪维（Aminidivi）岛和米尼科伊（Minicoy）岛，由有人居住和无人居住的岛屿组成。本章将介绍这些群岛的由来、地质和地貌环境、历史简况、社会经济和生态现状、资源、管理机构，包括自然灾害的历史。

关键词　拉克沙群岛　珊瑚岛　由来　岛屿的地貌和历史　珊瑚礁　自然灾害

1.1　概述

位于印度西海岸阿拉伯海的拉克沙群岛是一个珊瑚岛群，它构成印度洋中查戈斯-马尔代夫-拉克代夫（Chagos-Maldive-Laccadive）山脉的一部分（图 1.1）。拉克沙群岛是印度最小的联邦属地，它拥有 36 个岛屿和小岛，由 12 个珊瑚环礁、3 个暗礁和 5 个水下浅滩组成，位于8°—12°30′N，71°—74°E 之间[1]，是马尔代夫岛链向南的延伸，整个群岛的总地理区域面积为 32 km^2，海岸线长度为 132 km，潟湖面积为4 200 km^2，群岛分为 3 个群体，各自的名称为拉克代夫岛、阿明迪维岛和米尼科伊岛，每个群体的岛屿（包括有人居住和无人居住）的信息列于表 1.1 中。

1

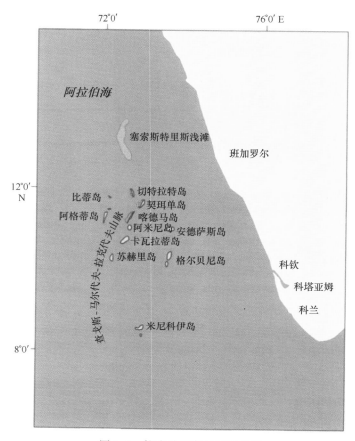

图 1.1 拉克沙群岛的地理位置

表 1.1 各群岛岛屿的细节

组号	岛群名称	岛群中各岛名称
1	阿明迪维岛	有人居住：阿米尼岛（Amini），喀德马岛（Kadmat），契珥单岛（Kiltan），切特拉特岛（Chetlat）和比蒂岛（Birta）
2	拉克代夫岛	有人居住：安德萨斯岛（Andrott），卡瓦拉蒂岛，阿格蒂岛（Agatti），和格尔贝尼岛（Kalpeni）； 无人居住：卡尔佩蒂岛（Kalpetti），班加拉姆岛（Bangaram），提那卡拉岛（Tinnakkara），帕拉里岛（Parali），提拉卡姆岛（Tilakkam），皮蒂岛（Pitti），切里亚姆岛（Cheriyam），苏赫里岛（Suheli），帕克施·皮蒂岛（Pakshi Pitti）和科蒂塔拉岛（Kodithala）
3	米尼科伊岛	有人居住：米尼科伊岛； 无人居住：科蒂塔拉岛（Viringili）

在 36 个岛屿中，只有 10 个岛有人居住，即阿格蒂岛、阿米尼岛、安德萨斯岛、比蒂岛、切特拉特岛、喀德马岛、格尔贝尼岛、卡瓦拉蒂岛、契珥单岛和米尼科伊岛（表 1.2）。除了安德萨斯岛为东西向外，本组岛屿均为东北—西南向，而且安德萨斯岛上没有潟湖。所有岛屿均有新月形浅滩，东面海滨较陡，西面有浅潟湖。岛屿的暗礁来自环形珊瑚岛和浅海台地，其他有关特征是礁坪、珊瑚架、珊瑚头、礁块和活珊瑚台地、暗礁上的沙和沙洲。所有岛屿的礁坪总面积为 136.5 km²[2]。所有岛屿有一个共同的特点，那就是潟湖，它本质上是西部水下暗礁的一部分。潟湖的面积和形状各异，且处于不同的发育阶段。潟湖一般呈浅碟状，中间较宽，南北向较窄（图 1.2）。在 10 个岛屿中，切特拉特岛、契珥单岛、阿米尼岛和喀德马岛都有潟湖，深度为 1.0~2.5 m，几乎填满沉积物。潟湖的底层沉积物主要是珊瑚残骸和钙质沙子[3]。比蒂岛、班加拉姆岛、苏赫里岛和米尼科伊岛的潟湖较大和较深，深度达 10 m。潟湖的面积介于 1.6~46.25 km² 之间。

表 1.2　各岛位置及面积

序号	岛屿	陆地面积（km²）	潟湖面积（km²）	距大陆科钦（Cochin）的距离（km）	2011 年人口调查时的人口数
1	阿格蒂岛	3.84	17.50	459	7 560
2	阿米尼岛	2.59	_a	407	7 656
3	安德萨斯岛	4.90	_b	293	11 191
4	比蒂岛	0.10	45.61	483	271
5	切特拉特岛	1.14	1.60	432	2 345
6	喀德马岛	3.20	37.50	407	5 389
7	格尔贝尼岛	2.79	25.60	287	4 418
8	卡瓦拉蒂岛	3.63	4.96	404	11 210
9	契珥单岛	2.20	1.76	394	3 945
10	米尼科伊岛	4.80	30.60	398	10 444

a. 在以前地质变迁中沉没。

b. 没有潟湖。

3

图1.2 岛屿西面典型潟湖形状

1.2 岛屿的由来

拉克沙群岛的演变可以用著名进化论学者查尔斯·达尔文（Charles Darwin）爵士提出的理论来解释，这些岛屿的形成可以追溯到某些火山山脊逐步淹没到印度洋里，随后在其火山口山顶上堆积了珊瑚残骸（图1.3），随着时间的推移，在沉没的山顶上逐步形成珊瑚岛。每个岛屿的边缘堆积了珊瑚，在其西边形成风平浪静的潟湖。这些岛屿与潟湖、边缘的珊瑚礁一道形成环状珊瑚岛。环形珊瑚岛的形成还可以用更简单的方法解释：根据达尔文的理论，环形珊瑚岛形成之初，在岛屿的四周生成一些礁盘，然后这些岛屿慢慢地被淹没，留下环绕潟湖的环状礁盘。根据穆雷（Murray）的理论，环形珊瑚岛形成的开始阶段，在海底上形成的小山或台地的顶部，开始造礁过程，外边缘的活珊瑚迅速成长，达到海平面，从而形成潟湖。

4

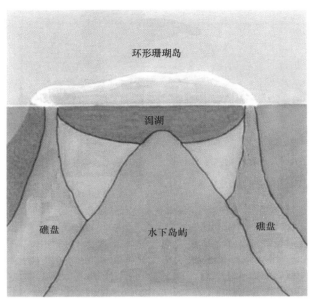

图 1.3　在火山台地上环形珊瑚岛的生成

1.3　岛屿的地质和地貌概况

查戈斯-马尔代夫-拉克代夫海岭（图 1.4）是阿拉伯海的一个重要水下特征[4]，它在南北方向上延伸，长达 2 350 km，范围从查戈斯群岛南端（9°N①）到阿达斯（Adas）浅滩（14°N）。拉克沙海山脉的东侧水深为 2 000~2 700 m，西侧为 4 000 m，由大陆性/过渡性地壳构成[5]。山脉的东侧比西侧显得陡峭些。该海岭还有一些断层，特别是在 9°处的海沟，它把米尼科伊岛（该群岛的最南端）与拉克沙群岛的其他岛屿隔离开来。

拉克沙群岛以珊瑚岛、浅滩和沙洲、地形隆起、小山、山谷和海丘为其特征，环形珊瑚岛面向大海一侧有一些成型的阶梯状平台，它们是第四纪期间海平面变迁的明证[6]。根据结构的特征、各个岛屿的走向、地球物理异常特征和有关断层错位情况，拉克沙群岛可以分为 3 个区块，即北区、中区和南区[7]。所有重要岛屿坐落在中区，由北边的佩德

---

　　①　原著给出的纬度是 9°S，中译本更正为 9°N。——译者注

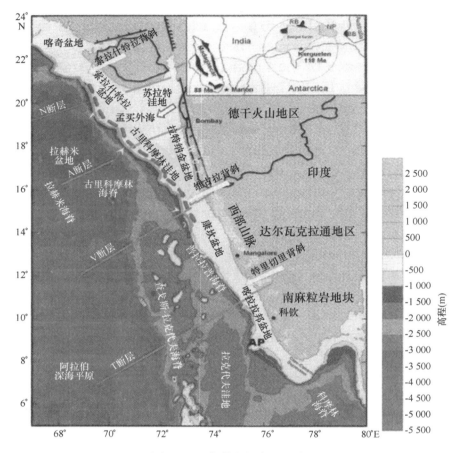

图 1.4　阿拉伯海的水下地貌

（选自国家关于拉克沙群岛环境的报告）

罗（Pedro）礁和南边的北北东—南南西方向的山谷隔开。北区主要是珊瑚浅滩，而南区则有几个岛屿和小的浅滩。在斜坡地段形成约 500~1 300 m 的地形隆起；在很多地段，斜坡与深海平原之间有断层[8]。

　　所有岛屿的表层铺满约 1~2 m 厚的珊瑚残骸层，下面为结实多孔的石灰砾岩，再下面就是一层细砂，它是一个渗透层，淡水就是通过它进行过滤的。总的说来，在 300 m 以浅地带是更新世到古新世阶段的沉积物，再下面就是火山岩[9]。

1.4   历史简况

拉克沙群岛的早期历史资料十分贫乏，但是有关拉克沙群岛的参考资料却可以从 12 世纪、13 世纪分别访问过印度的旅行者，如马可波罗（Marco Polo）、伊本·巴图塔（Ibn Battuta）的回忆录中查到。这些群岛被 1497 年踏上印度西海岸的葡萄牙探险家瓦斯科达伽马（Vasco Da Gama）认为是重要的地标。历史证据显示，17 世纪后期，拉克沙群岛是由喀拉拉邦 坎纳诺尔（Cannanore）统治者阿拉卡尔·比比（Arakkal Bibi）管理的，1787 年，比比与迈索尔邦（Mysore）的提普（Tippu）苏丹签订协议，相应地，北部的岛屿转归后者所有。后来，1799 年提普苏丹被英国打败，阿明迪维群岛（北区岛屿）受到英国的直接控制[1]。1854—1855 年间，英国借口没有缴纳税金，向坎纳诺尔统治者管理下的拉克代夫岛和米尼科伊岛发动进攻，1861 年坎纳诺尔统治者向英国政府缴纳了税金，英国停止了进攻[1]。

岛上居民点的早期历史没有很好地记录下来。有过一些传说，把它们汇编起来，可以给出一个总体的历史过程和时间范围。第一批岛上的居民是在统治西泰米尔纳德邦（Tamil Nadu）的最后一个哲罗王朝（Chera Dynasty）国王切拉曼·皮鲁马尔（Cheraman Perumal）时期进驻的，切拉曼·皮鲁马尔后来改信伊斯兰教，在没有通知任何人的情况下，离开他的首都坎纳诺尔［现在的喀拉拉邦科敦加鲁尔（Kodungallur）］，投奔麦加（Mecca）。人们派出一批人员乘坐帆船沿不同方向去寻找他。一条坎纳诺尔王侯乘坐的船遭遇风暴，在班加拉姆岛失事，后来，这队人马迁移到班加拉姆岛南面的阿格蒂岛，他们从该岛回到大陆。另一个包括水手和士兵的队伍发现了阿米尼群岛，并逐渐在卡瓦拉蒂岛、安德萨斯岛、格尔贝尼岛以及后来在喀德马岛、契珥单岛、切特拉特岛和阿格蒂岛上小批量地居住下来[10]。

1.5   社会经济现状

拉克沙群岛居民信奉伊斯兰教。根据 2011 年人口调查数据，岛上居民总数为 64 429 人，其中男人 33 106 人，妇女 31 323 人。识字男人占 93.15%，妇女占 81.56%。大多数人讲马拉雅拉姆语，也流行一种叫做"Jessride"的特殊方言。在米尼科伊岛上，人们讲迪维希语，它使用马尔代夫 Dwehi 字母。拉克沙群岛全部居民纳入印度宪法规定的设籍部落范畴。全岛遵循母系系统，家庭中的土地、财产由妇女继承，这就给她们一种特殊的地位。孩子在母亲家里抚养，岛上的财产分配的概念也是独特的。联合家庭是常见的，各个家庭一起住在祖先遗留下来的称为"萨拉瓦德"的祖屋里，萨拉瓦德由最年长的妇女（称为"Karana-var"）管理，不能卖掉，但可以抵押出租。萨拉瓦德财产各个岛屿各不相同，但是联合家庭系统逐渐解体，这是由于注入了现代核心家庭的概念，对居住提出了更高的人均土地需求的缘故[12]。

1.6 岛上生活

岛上主要职业是渔业和椰子种植业。金枪鱼是主要资源，然后是鲨鱼。一般采用传统的钓鱼竿方式钓金枪鱼（图 1.5）。金枪鱼的估计资源为每年 50 000~100 000 t[13]，其他鱼类资源是 25 000~50 000 t。但是，至今最高开发量也就是约 12 000 t，其中金枪鱼占 80%。此外，拉克沙海还拥有观赏鱼类、甲壳动物、软体动物、海藻等潜在资源，并开展海洋生物养殖业[14]。

图 1.5　在拉克沙海用鱼竿钓金枪鱼

除渔业外，人们的另一主要职业是种植椰子，椰子油、米拉（甜棕榈酒）和棕榈糖为本地经济增添资源。岛上其他少量适合本岛生长的农作物的种植得到农业部门的支持，他们通过苗圃提供菜子和树苗。岛上还有少量小规模的工业，他们利用所有岛上大量的椰子壳，进行椰子壳加工和相关工作。管理部门还无私地为岛民提供培训，利用本地原料，制造手工艺品，诸如贝壳玩具、椰壳工艺品和木雕等。这些手工艺品通过一个叫做卡蒂（Khadi）的机构和岛上开设的农村工业单位出售。

　　旅游业是拉克沙群岛具有的巨大潜在资源，阿格蒂岛是唯一一个设有机场的岛屿，它通过高速游艇和客轮与其他有人居住的岛屿沟通。岛内还有直升机服务。主要岛屿上建有政府的旅游小屋和私人的旅馆（图1.6）。休闲旅游与运动促进协会（SPORTS）负责促进有关岛上的旅游活动，喀德马岛上完备的水上运动协会吸引着大批访问者。岛上管理机构还在考虑开放一些无人居住岛屿，促进旅游事业。

图 1.6　岛上旅游小屋和其他设施

1.7　管理机构

　　拉克沙群岛早期是印度联邦以前的马德拉斯州（Madras state）的一部分，1956年11月1日它成为印度最小的联邦属地，其总部设在喀拉拉邦的卡利卡特（Calicut），1964年，行政总部从卡利卡特迁往卡瓦拉蒂岛，管理者是联邦属地的首脑。整个拉克沙联邦属地是一个由10

个小区组成的行政区，其中 8 个小区由小区官员管理，2 个（米尼科伊岛和阿格蒂岛）由副税务兼地方长官管理。拉克沙开发当局下属的开发公司监督岛上的经济和商业活动[15]。

1.7.1 潘查亚特制度①

1988 年拉克沙岛理事会条例和 1988 年拉克沙岛管理条例是岛务委员会和邦务委员会赖以建立的依据，根据新的潘查亚特条例，组成拉克沙岛上两级村务委员会，即村级村务委员会和区级村务委员会，10 个有人居住的岛上有 10 个村务委员会，区级村务委员会设有主席和副主席，村级村务委员会主席也是区级村务委员会的成员，村务委员会行使 1994 年拉克沙岛潘查亚特条例规定的职能，村级村务委员会在 1997 年 12 月组成，随后 1998 年 1 月组成区级村务委员会。后来，拉克沙岛行政部门将各个重要部门（例如农业、牲畜饲养、公共卫生、工业、合作社、教育、渔业、社会福利、电力、环境、乡村发展、市政工程以及必要的财政、人力资源等）移交给村务委员会，授权他们管理。

1.7.2 司法制度

碦拉拉邦最高法院对拉克沙联邦属地法院进行司法监督，对所有岛屿都拥有司法权的区地方法官由一位附设的区地方法官和 10 位地方执行法官辅助，维护治安。拉克沙岛警察局受控于行政长官，后者也是警察总监。

1.8 地势和地表特征

大多数拉克沙群岛都是建立在沉没的火山岩台地上，这些岛屿都比较狭窄，周围环绕着石灰质的沙滩。一般岛屿的地面高出平均海平面 0.5~6.0 m。岛内也是石灰质沙滩，但它们可能已被人为活动所改变。沙丘高出海平面 6 m，它们之间有着一些马鞍形洼地，这些洼地几乎紧挨着由离海面 0.5~1.5 m 的水平珊瑚灰岩所支撑的地下水面。图 1.7 示出一个岛屿的地貌。

---

① "潘查亚特制度"是印度特有村务委员会制度，也称"乡村五人长老会"。——译者注

10

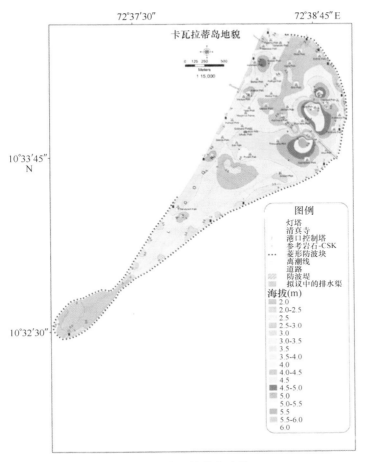

图 1.7　卡瓦拉蒂岛地貌

　　岛的表层土壤几乎不可能含有任何有机物质，由于表层土壤是一层珊瑚灰岩分解物，下面垫上大小、形状各异的卵石，它缺乏微量和大量养料供植物生长。土壤的 pH 值几乎是中性的，约为 6~8，它估计含有95%以霰石形式出现的碳酸钙，有机碳含量仅为 0.8%~2.2%。这些土壤的保水性很差，大量用于椰子的种植。土壤颜色为浅黄褐—浅褐色，或浅灰褐—灰色。

1.9　地下水资源

　　岛上的淡水资源有限，水文状况非常脆弱，地下水位的深度为地平面之下 0.5~3.5 m。在东面，朝向潟湖一侧的地下水位斜坡比朝向大海一侧来得陡些。在岛上的水井里可以观察到潮汐的变化。淡水定期为雨水所更新。已经观察到，连续过度地使用水源的结果使地下水位彻底地下降，导致海水倒灌[17]。岛上居民以前使用深井或地面水井来满足他们的淡水需求，雨水也是所有岛屿大量使用的水源，因为这是最纯净、最充裕的水源，特别是在季风季节里，可以存储起来。但是季风季节所能存储的雨水不够非季风季节月份使用，因此，管理部门开发其他方法，例如海水淡化。2009 年，在卡瓦拉蒂岛上建立了第一个海水淡化厂，生产力为每天 10 万升，随后，2009 年又在阿格蒂岛和米尼科伊岛上建立了类似的工厂。这些工厂都采用印度政府地球科学部国家海洋技术研究所自主研发的低温热法淡化技术。

1.10　岛屿的生态现状

　　岛上的生物多样性主要取决于珊瑚礁的多样性（图 1.8），拉克沙岛的珊瑚礁多样性仅次于安达曼群岛（Andaman Islands）和尼科巴群岛（Nicobar Islands）（印度东海岸外孟加拉湾）。

图 1.8　拉克沙岛的珊瑚礁

　　由增生过程所形成的珊瑚礁和岛屿在经济和生态方面都是至关重要的。岛屿及其周围海域的生态系统可以概括地分为 ① 开阔海域，② 珊瑚礁，③ 潟湖，④ 沙滩（潟湖和开阔海域），⑤ 岛屿等。

阿尔科克（Alcock）[18]首次访问印度洋的几个岛屿，并记录了不同的珊瑚。最早详细研究拉克沙岛珊瑚礁的是加德纳（Gardener）[19]，他详细描述了各种珊瑚和珊瑚礁系统。皮莱（Pillai）[20,21]用了10年时间研究了米尼科伊环形珊瑚岛。一个由科钦中央渔业研究所、果阿国家海洋研究所（NIO）和印度动物调查局（ZSI）的科学家组成的团队在这个区域里进行了几项研究。印度动物调查局于1982—1987年间和1991年调查了拉克沙岛的动物群系。中央海洋渔业研究所（CMFRI）同样研究了渔业资源，并把他们的发现刊登在中央海洋渔业研究所有关拉克沙岛的特刊上（1989年）。果阿国家海洋学研究所（NIO）在1986年出版了印度珊瑚和珊瑚礁的地图册。

1.10.1 珊瑚礁①

拉克沙群岛的珊瑚礁总面积达 16.1 km²，覆盖 12 个环形珊瑚礁、3 个礁盘和 5 个水下浅滩。大多数岛屿位于东面的迎风礁坪上，迎风礁坪有着发育良好的藻脊，其背风面边缘基本上少有活珊瑚，但是，可以看到在潮间带水坑里存在着孤立的珊瑚菌落。迎风礁坪上有着大量石灰岩聚积，这是大浪引起侵蚀的明证。各种珊瑚诸如蔷薇珊瑚、牡丹珊瑚、滨珊瑚、蜂巢珊瑚、角菊珊瑚、菊花珊瑚、扁脑珊瑚、刺柄珊瑚和合叶珊瑚等在这里都是常见的品种[22]。还有一些珊瑚亚类例如沙珊瑚属珊瑚。在环礁湖浅滩和礁盘迎风面和背风面，在造礁珊瑚和兰苍珊瑚之间，还有一些珊瑚亚类，例如鹿角珊瑚、轴孔珊瑚、滨珊瑚、菊花珊瑚。在米尼科伊岛和切特拉特岛的礁盘和浅滩上，聚积着半球形蓝珊瑚群，它约占礁盘和潟湖底部面积的80%。是另一个常见种群，特别是在喀德马岛和切特拉特岛上。在米尼科伊岛的潟湖里，有着诸如伞房叶状珊瑚和双星珊瑚类的品种，他们在马尔代夫群岛周围也能找得到。据报道，拉克沙群岛上分布着 31 个大类中的 78 种造礁珊瑚，其中 27 个大类中的 69个品种是造礁珊瑚，另 4 个大类的 89 个品种是非造礁珊瑚[22]。

1.10.2 珊瑚礁的状态

尽管是有人居住，由于进入受到限制，拉克沙环形珊瑚礁还是受到

---

① 书中所指 "Plesioseris" 和 "Stephanarias" 都是旧名词，现在均已统一称为 "psammocora"，即沙珊瑚属珊瑚。——译者注

保护的。但是，由于人口统计类型的转变和近年来生活方式的改变，人们从珊瑚礁资源上获利，给珊瑚生态系统造成极大的压力。皮莱[20,21]和皮莱与贾丝明（Jasmine）[23]根据地面观察，对拉克沙群岛的珊瑚礁状况进行了研究。此外，属于不同组织的潜水员还对一些经选择的岛屿的珊瑚进行直接监测。拉克沙岛上活珊瑚的当前状况示于表1.3中。

表1.3　岛上活珊瑚状态

序号	岛屿	状态
1	阿格蒂岛	+++
2	阿米尼岛	+
3	安德萨斯岛	--
4	班加拉姆岛	++
5	比蒂岛	+++
6	切特拉特岛	++
7	格尔贝尼岛	--
8	卡瓦拉蒂岛	++
9	喀德马岛	--
10	契珥单岛	+++
11	米尼科伊岛	--
12	苏赫里岛	++

注：--为不令人满意（10%~15%）；

+ 为令人满意（15%以上）；

++为良好（20%以上）；

+++为很好（30%以上）。

1.11　自然灾害

一般说来，拉克沙群岛由于其地理位置和总体地形，最少受到自然灾难诸如地震、风暴、气旋的影响，根据已有的资料，这个地区没有发生过地震。2004年给大陆沿岸和印度洋周边国家带来浩劫的海啸对这些岛屿没有带来任何冲击。在过去166年期间，只有7次风暴袭击过拉克沙群岛（表1.4）。拉克沙群岛历史上最早的自然灾难记录是1847年四月发生的大风暴；另一次记录是 1891 年穿过卡瓦拉蒂岛的破坏性风暴，它摧毁了大批椰子树。此外也有一些关于发生在拉克代夫群岛和阿明迪维群岛所属的阿格蒂岛及其附近小岛上的风暴的报告，最近岛上发生的风暴发生在 2004 年[24]，阿米尼岛、契珥单岛、阿格蒂岛和卡瓦拉蒂岛曾受到影响［图 1.9（a）(b)］。每当气旋或风暴袭击这些岛屿时，首当其冲的是椰子树和果树，然后是渔业活动，它影响了当地人民的生活。这些事件不但影响着物质和社会基础设施，而且还放慢了这些岛屿的发展速度。

表 1.4　影响拉克沙岛的风暴

年份	死亡人数	严重受损的岛屿	其他受影响的岛屿
1847	格尔贝尼岛，死亡 246 人	格尔贝尼岛，安德萨斯岛	契珥单岛
1891	财产损失	安德萨斯岛	卡瓦拉蒂岛，阿格蒂岛，阿米尼岛和格尔贝尼岛
1922	无人死亡	格尔贝尼岛	
1963	无人死亡	安德萨斯岛，格尔贝尼岛	阿格蒂岛，契珥单岛
1965	无人死亡	安德萨斯岛，格尔贝尼岛	安德萨斯岛，格尔贝尼岛，阿格蒂岛，契珥单岛
1977	无人死亡	格尔贝尼岛	安德萨斯岛
2004	财产损失	阿米尼岛	契珥单岛，卡瓦拉蒂岛，阿格蒂岛

资料来源：UTL 的计划文件。

当前的研究表明，很多岛屿的海岸线已经后退，这是管理部门最为关心的问题。大多数岛屿的人均土地很少，留下很少的空间供进一步发展以及计划和执行减灾措施使用。管理权威部门通过采用合理使用土地的途径，利用所有可能的措施保护现有的土地。为了建立一个有效的海岸管理系统，需要利用数字模型，开展一项详尽的海岸线地貌及其时空变化规律的科学研究，以便了解海岸过程。在所有三个岛群上进行的基础研究，包括海滩地貌、流体动力学和海岸过程模型研究将在下一章中介绍，海岸管理问题的各个方面，包括非常规可更新能源的潜力，也将予以介绍。

(a)

(b)

图 1.9　2004 年气旋时的洪水与破坏情况

（a）阿米尼岛；（b）瓦拉蒂岛

（资料来源：2004 年，普拉卡什和哈米德）

参考文献

［1］　Mannadiar NS（1977）Gazetteer of India（Lakshadweep）. Government Press, Coimbatore

［2］　Anjali B, Shailesh N（1994）Coral reef mapping of the Lakshadweep Islands. Scientific Note：SAC/RSA/RSAG/DOD – COS/SN/09/94. Space Application Centre, Ahmadabad

[3] Mallik TK (1976) Grain-size variation in the Kavaratti lagoon sediments, Lakshadweep, Arabian Sea. Mar Geol 20: 57-75

[4] Narain H, Kaila KL, Varma RK (1968) Continental margins of India. Can J Earth Sci 5: 1051-1065

[5] Naini BR, Talwani M (1982) Structural framework and the evolutionary history of continental margin of India. In: Watkins JS, Drake CL (eds) Studies in continental marine geology. Am Assoc Petrol Geol Mem 34: 167-191

[6] Siddiquie HN (1975) Submerged terraces in the Laccadive Island. Mar Geol 18: M95-M101

[7] Zutshi PL, Murthy MSN, Thakur SS (2001) Exploration for Hydrocarbon in and around Lakshadweep Islands. Geol Surv Ind Spl Pub 56: 59-69

[8] Shrivastava JP, Nair KM, Ramachandran KK (1978) Reports on the geological expedition to Lakshadweep Islands. Oil and Natural Gas Commission, Geosciences Division, Calcutta (unpublished report)

[9] Biswas SK (1987) Regional tectonic framework, structure and evolution of the western continental basins. Tectonophysics 35: 307-327

[10] Mukundan TK (1979) Lakshadweep—A hundred thousand islands. Academic Press, New Delhi

[11] Anonymous (2011) Census of India, 2011. Office of the Registrar General and Census Commissioner, India

[12] Ramunny M (1972) Laccadives, Minicoy and Amini Islands. Publications Division Govt of India, New Delhi

[13] Integrated Coastal Zone Management Plan (ICZMP) (2006) Final report, Submitted to Ministry of Environment and Forests, Govt of India, Centre for Earth Science Studies, Trivandrum

[14] Silas EG, Pillai PP (1982) Resources of tuna and related species and their fisheries in the Indian Ocean. CMFRI Bull. ICAR, Cochin, India

[15] Union Territory of Lakshadweep (2007) Draft Eleventh Five Year Plan (2007-2012), Planning and Statistics Department, UT Lakshadweep, Kavaratti

[16] Muralidharan MP, Praveen Kumar P (2001) Geology and geomorphology of Kavaratti Island Union Territory of Lakshadweep. Geol Surv Ind Spl Pub 56: 9-13

[17] Varma AR, Unnikrishnan KR, Ramachandran KK (1989) Geophysical and hydrological studies for the assessment of ground water resource potential in Union territory of Lakshadweep, India. Final report, Centre for Earth Science Studies, Trivandrum

[18] Alcock A (1893) On some newly recorded corals from the Indian Seas. J Asiat Soc Bengal (Nat Hist) 62 (II): 138-149

[19]   Gardiner JS (1903) The Maldives and Laccadive groups with notes on other coral for-
        mations in the Indian Ocean. In: Gardiner JS (ed) Fauna and geography of the Mal-
        dives and Laccadive Archipelagoes. Cambridge University Press, Cambridge

[20]   Pillai CSG (1971) Distribution of shallow water stony corals at Minicoy Atoll in the
        Indian Ocean. Atoll Res Bull Washington 141: 1-12

[21]   Pillai CSG (1971) Composition of the coral fauna of the southern coast of India and
        the Laccadives. In: Yonge C, Stoddart DR (eds) Regional variation in Indian Ocean
        coral reefs. Symposium of the Zoological Society of London. Academic Press, London

[22]   DST (2002) Biophysical surveys (1999-2002). UT Lakshadweep

[23]   Pillai CSG, Jasmine S (1989) The coral fauna marine living resources of the UT of
        Lakshadweep. CMFRI Bull 43: 179-194

[24]   Prakash TN, Shahul Hameed TS (2004) Site inspection report (Cyclone-2004) in
        Lakshadweep Islands. Submitted to UT Lakshadweep, Centre for Earth Science Stud-
        ies, Trivandrum

第 2 章
拉克沙海的流体动力学

摘 要 拉克沙岛全年的风主要是西北风，6 月到 8 月西南季风期间最大风速可达 5~8 m/s。拉克沙海的波候受西南季风控制，已观测到的最大波高出现在 6 月至 8 月间，最大波高约为 5 m，其余季节为 1.4 m。最大波周期出现在 2 月至 4 月，6 月至 8 月间波周期最小。西南季风期间主要跨零波周期约为 7~8 s，其余月份在 5~10 s 之间变动。除了西南季风高峰期间波向为西南偏西到西向外，大多数情况下波向为西南偏南。陆架内的海流一般比较弱，流向为东北—西南向。拉克沙海的潮汐为混合型半日潮和微潮汐型。

关键词 拉克沙海 波浪 海流与潮汐 风 有效波高波向 波候

2.1 概述

流体动力学一般指流体的动力学研究，它研究流体以及流体运动的特性，这里指的是海水。因此，本章将介绍拉克沙岛沿岸的风、波浪、海流和潮汐。它们之间是相互关联的，例如，波浪主要是由风吹过海面而产生的，动能主要由风传输到海面，同时风也是洋流的驱动力之一。另一方面，当风暴/气旋在海面上方运动时，海洋也把能量传递给风。最后，由于波浪和海流的作用，产生了沉积物的搬运。

2.2 波浪

地球科学研究中心在印度政府海洋发展部的财政资助下，于 1991

年 3 月到 1992 年 3 月期间，在卡瓦拉蒂岛[1]海域投放了波浪骑士波向浮标，进行波浪测量[2,3]。浮标投放在卡瓦拉蒂岛南面的海里，水深为 30 m。由于大陆架的地形很陡，与深水波浪相比，该测点的浅水效应可以忽略不计。因此，为了实用的目的，该测点的波浪记录可以看作是深水波浪数据。本节将介绍波浪的特性。

2.2.1 波高

本节所述的波高参数是指每一个记录周期的波浪高度最大值，一般称之为最大波高（H_{max}），而每个记录周期中 1/3 最大波高的平均值称为有效波高（H_s）。由于有效波高反映了波浪的总能量，它经常用于工程应用中。

每个记录周期中的最大波高（H_{max}）范围为 0.56~8.95 m，其最低值出现在 2 月份，最高值出现在 8 月份。图 2.1 示出不同月份 H_{max} 出现的百分比，它表明，在 11 月至 3 月期间，H_{max} 一般小于 5.0 m，在上述期间，主要 H_{max} 范围为 1.2~1.6 m，约占全部数据的一半。6 月份以后，波浪强度增大，连续 3 个月出现较大的波浪。在 6 月至 8 月（季风季节）期间，正如预期的一样，波高达到最大值，其分布呈平峰态。最经常出现的最大波高为 4.8~5.2 m，约占 21%，6 月至 8 月份 4.0~5.2 m 的最大波高占 51%。

图 2.2 示出每个月的 H_{max} 月份平均值，从月份分布曲线中可以看出，6 月至 8 月份波浪活动最为活跃，在这些月份中，平均 H_{max} 为 4.1~5.0 m，6 月份出现率最高。其他月份的平均值为 1.3~2.7 m；在 11 月至翌年 3 月份，观测到低于 2 m 的 H_{max}。

一年里有效波高范围为 0.4~4.7 m，跟 H_{max} 一样，2 月份有效波高最低，8 月份最高。H_s 的月份分布曲线用出现百分比的形式示于图 2.3 中。H_s 的最大值出现在 6 月至 8 月份，其范围为 2.4~2.6 m 和 3.0~3.2 m，2.0~2.2 m 的 H_s 值约占总出现次数的 1/5。6 月至 8 月份以后，波浪活动逐步减弱，9 月至 10 月间，H_s 的分布峰值为 1.4~1.6 m。11 月至翌年 3 月间波浪活动强度进一步减弱，这些月份的 H_s 为 0.8~1.0 m，约占 40%~50%。3 月、11 月、12 月期间波浪活动比 1 月、2 月稍为频繁些，0.8~1.2 m 的 H_s 约占出现次数的 65%~70%。4 月、5 月波浪稍为大些，图 2.4 示出每个月的 H_s 月份平均值。正如预测的那样，6—8 月 3 个月份观测到大的 H_s 值。在这些月份里，H_s 的月份平均值为

2.5~3.0 m，其他月份的 H_s 月平均值为 0.8~1.7 m，11 月至翌年 3 月间 H_s 最小，为 0.8~1.2 m。

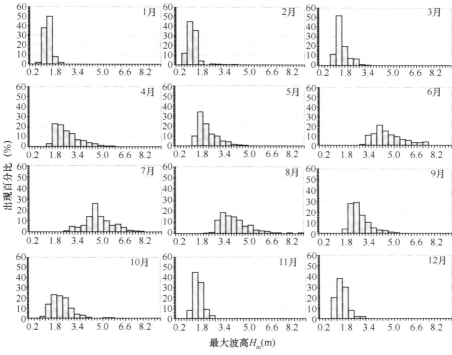

图 2.1　最大波高的月份分布（选自 Baba 等人文章[1]）

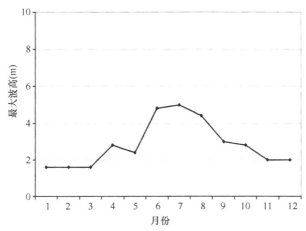

图 2.2　最大波高的月份平均值（选自 Baba 等人文章[1]）

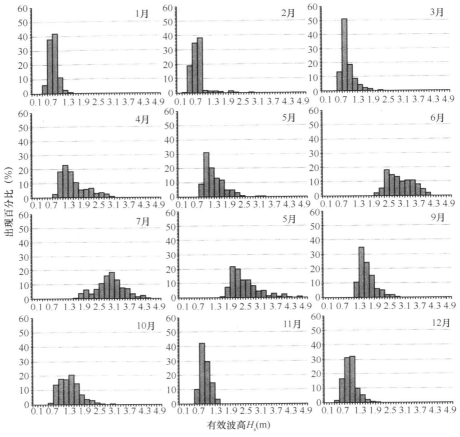

图 2.3 有效波高的月份分布（选自 Baba 等人文章[1]）

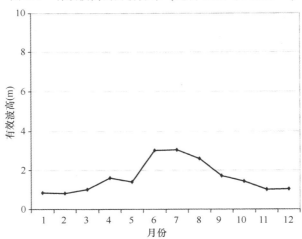

图 2.4 有效波高的月份平均值（选自 Baba 等人文章[1]）

2.2.2 波周期

一般波周期参数是指跨零周期和最大周期。跨零周期（T_z）是指两个连续波峰跨过零点或平均水位的时间，它代表波列中的平均波周期；同样，对应于最大波能谱的波周期称为最大周期（T_p），它代表波列的最大能量，一般用于工程应用。

跨零周期在一年里的变化范围为 3.5~13.3 s。最大值出现在 2 月和 4 月，最小值出现在 6 月份至 8 月份季风季节里。每月 T_z 出现的百分比（图 2.5）表明，在 1 月到 2 月之间 T_z 值为 5.0~6.5 s，占分布值的一半以上；3 月到 4 月间，波浪分类情况不明确，3 月份 T_z 有两个峰值，即 5.0~6.5 s 和 8.0~9.5 s，它们出现几率几乎相同。四月份的峰值为 8.5~9.5 s，约占出现几率的 1/4。5 月份波周期相对长一些，处于 8.0~9.5 s 之间，出现几率约占一半。6 月到 8 月份波周期分类比较明确，其最大值落在 7.0~7.5 s 范围内，约占分布的 1/4~1/3。6 月份 T_z 为 6.5~7.5 s，占一半以上。7 月到 8 月份，3/4 以上的波周期分别为 7.0~8.5 s 和 6.0~8.0 s。9 月份以后，波周期减小，9 月份 T_z 为 5.5~7.5 s，这个月里该波周期占 3/4。10 月、11 月份波周期变化缓慢，10 月份 6.0~7.0 s 的 T_z 占 1/4，5.5~9.0 s 的波周期占 3/4。11 月份 8.0~9.0 s 的波周期占 1/4，而在 12 月份，5.5~7.7 s 的波周期占 60%。

T_z 的月份平均值示于图 2.6 中，T_z 月份平均值为 5.9~9.4 s。在 6 月份到 11 月份期间，T_z 值几乎是一致的，约为 7.6 s。但是，9 月至 11 月间，T_z 值的范围与 6 月至 8 月的范围比较接近。季风季节里较低的 T_z 值以及波浪分类较明确证明了所述区域 T_z 值的相似性。

一年内的最大波周期（T_p）是 8.4~26.0 s，观测到的最小值出现在 11 月份，最大值出现在 2 月份。一般说来，6 月到八月间 T_p 值较小，变化不大。T_p 的月份分布图（图 2.7）示出，它的分布模式与 T_z 分布有点类似，1 月份和 2 月份 T_p 出现百分比值较低，分散性最大。1 月份 11~18 s 的 T_p 值占全月的近 80%；而 2 月份 14~21 s 的 T_p 值占 3/4。3 月份，14~15 s 的 T_p 值占全月的 1/4，而 14~18 s 的 T_p 值占全月的 3/4。4 月份 T_p 值稍高些，15~17 s 的 T_p 值约占一半。5 月份，80%的 T_p 处于 14~18 s 范围内。6 月份 T_p 值变得小些，分散性也小些，此时出现西南季风，波浪分类较好。6 月、7 月和 8 月，11~12 s、12~13 s、

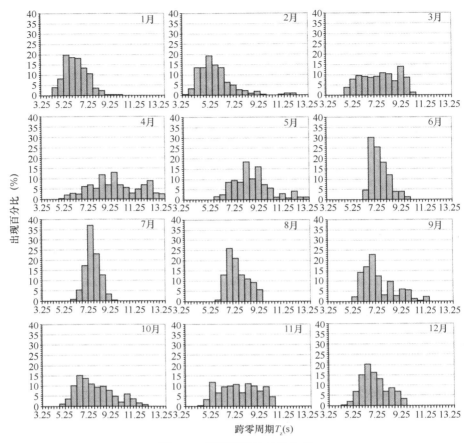

图 2.5 跨零周期的月份分布

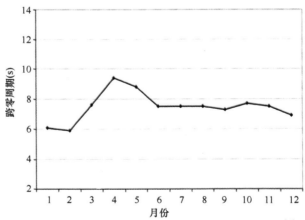

图 2.6 跨零周期的月份平均值（选自 Baba 等人文章[1]）

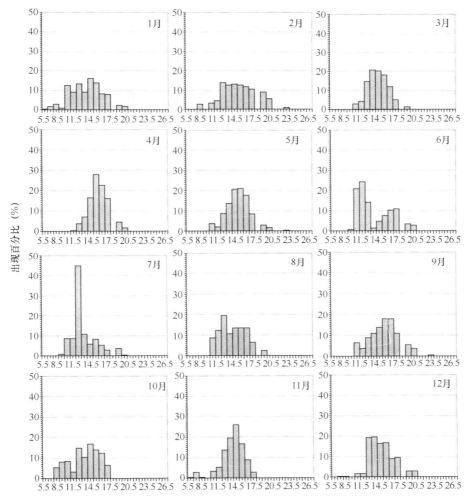

图 2.7 最大波周期的月份分布（选自 Baba 等人文章[1]）

14~15 s 的 T_p 值约占 1/4（分别为 24%、29% 和 30%），6 月份，11~15 s 的 T_p 占 2/3，7 月份和 8 月份，一半以上的 T_p 值处于 12~14 s 和 13~ 15 s 范围内。9 月份 T_p 值继续增大，达 15~16 s。9 月间，分布稍微减小，接近一半 T_p 值落入 14~17 s 范围内。10 月份和 12 月份，处在 14~15 s 范围内的 T_p 值约占 1/5。10 月份，分布进一步减小，接近 3/4 的 T_p 值落入 13~17 s 范围内。11 月份，13~14 s 和 14~14 s 的 T_p 值具有相同的频率，都占分布的 40%。12 月间，2/3 的 T_p 值处于 13~17 s 范

25

围内。

  T_p 月份平均值示于图 2.8 中。T_p 平均值从 6 月份的 13.6 s 变到 2 月份的 17.9 s。正如预测的那样，最低的 T_p 值出现在 6、7、8 月间。从 T_p 的分布情况也可以证实 6 月至 8 月 T_z 的分布特征。在这些月份里，平均值只是 13.6 s 和 14.3 s。2 月至 5 月间和 9 月份，T_p 平均值为 16 s 和 17 s。

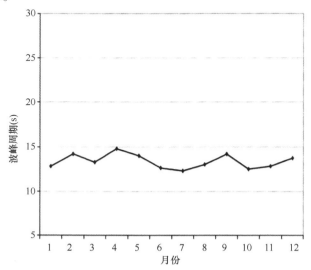

图 2.8 最大波周期月份平均值（选自 Baba 等人文章[1]）

2.3 波 向

  这里指的是在每一个记录期间对应于最大谱密度的波向（D_p），因为它对应于波能主要部分的方向。可以看出，全年的 D_p 值处于 106°～316°范围内。图 2.9 示出波向（D_p）的月份分布。除了季风月份外，大多数月份的分布峰值约为 200°～210°。占优势的峰值随月份而变，200°～210°的峰值在 1 月份占 1/4，2 月、4 月、5 月占一半左右，9 月、11 月、12 月约占 2/5。6 月到 8 月分布的模式不一样，6 月份峰值分布范围为 250°～260°，占 20%，第二峰值为 200°～210°，占 15%，在这个月份里，230°～270°和 190°～220°的波向分别占分布的一半和 1/3。7 月份主波向接近西向，260°～270°的峰值占 30%，在这个月里，250°～280°

的波向占分布的 2/3。8 月份分布模式与 7 月份相似,但 200°~210°的
波向比较明显,占 1/4 以上,这个月里,200°~220°和 240°~270°的波
向分别占近一半和 1/3。9 月份西向波减小,南向波变成主导波浪,正
如本节开头所述。10 月份 190°~200°波向占分布的 1/3,190°~210°波向
占 60%。因此,可以看出,拉克沙岛全年的稳定波向为南—西南向,只
有在很强季风季节里,西向波浪才占主导地位。在印度南海岸也可以观
测到类似现象[4]。

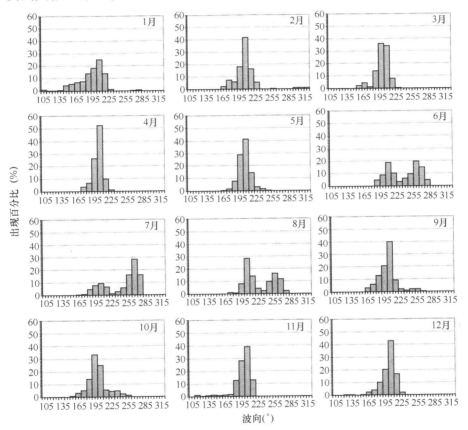

图 2.9 波向的月份分布(选自 Baba 等人文章[1])

图 2.10 示出波向的月份平均值。平均波向范围为 191°~246°N。
1 月、2 月的波向不很稳定。11 月至翌年 1 月间,观测到少量的东向
波;在其他月份,从 3 月份到 10 月份,波向在 152°~281°范围内变化。

27

6月到8月间的西南季风季节里，主导波向为西向，范围为227°~246°。其他月份的平均波向比较稳定，其范围为191°~205°N。

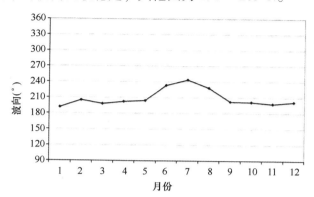

图2.10　波向的月份平均值（选自 Baba 等人文章[1]）

2.4　海流

2.4.1　开阔海域

　　为研究离岸海流，采用国家海洋研究所 DS2 型浮标的资料。海流玫瑰图示出 1—5 月和 10—12 月离岸海流的变化情况（图2.11）。1月、2月、3月和10月离岸海流的平均流向主要是西南方向，在 3—5 月和 10月、11月间，流速在 0~0.7 m/s 间变化，1月、2月和12月，流速约为 0.3 m/s。4月和5月，流向在西北和东北向之间变化。11月份流向主要是西北向，少数为北向和西向。12月份主要流向也是东北向。

2.4.2　潟湖内

　　2008 年 2 月、3 月，测量了入口航道处的海流，被测海流及其前进矢量图示于图2.12中。前进矢量图表明纯南向海流，在记录的前半段，海流呈东南向，后阶段呈西南偏南向。

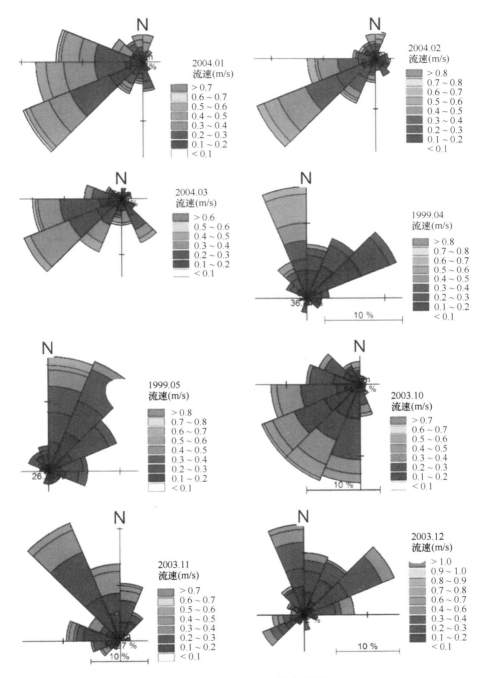

图 2.11　离岸海流月份玫瑰图

（来源：国家海洋研究所 DS2 型浮标）

29

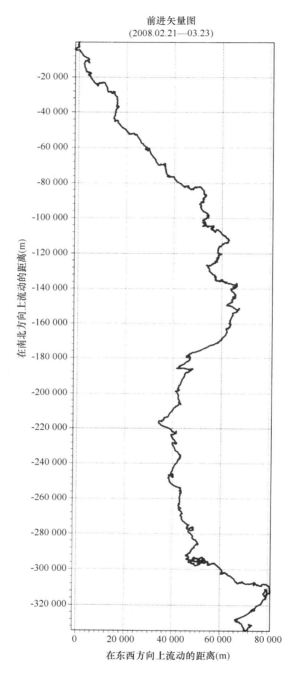

前进矢量图
(2008.02.21—03.23)

图 2.12　2008 年 2 月、3 月间入口航道附近的海流前进矢量图

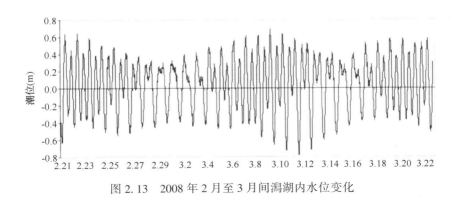

图 2.13　2008 年 2 月至 3 月间潟湖内水位变化

2.5　潮汐

　　利用波潮仪（英国 Valeport 公司 MIDAS 型波潮仪）在卡瓦拉蒂岛卡切利（Kachery）码头水深 2.5 m 处测量潮汐[5]。该潮汐为混合半日潮，最大潮位为 1.4 m。图 2.13 示出 2008 年 2 月 21 日到 3 月 23 日的潮位变化情况。从图中可以看出，潮位如同波浪一样呈分组状，具有半个月的月亮周期，它表明潮汐 MF 分潮的影响。

2.6　风

　　国家海洋研究所在卡瓦拉蒂岛西南面约 25 km 处投放的 DS2 型浮标的离岸数据用于本分析。图 2.14 示出风玫瑰图，它示出每个月风的变化情况。主要风向为西北向，其次为西向、北向和东北向。在 2 月至 3 月和 11 月至 12 月间，东北风较为明显。1 月至 4 月间和 12 月，风速在 0~8 m/s 之间变化，月份平均风速小于 4 m/s，其中 2 月份平均风速最小，仅为 2.3 m/s。5 月到 9 月间，风速呈中等水平，平均风速为 5.5~8.3 m/s，5 月份最小，7 月份最大。5 月份风速可达 18 m/s，而在 6 月至 11 月，风速达 14 m/s。

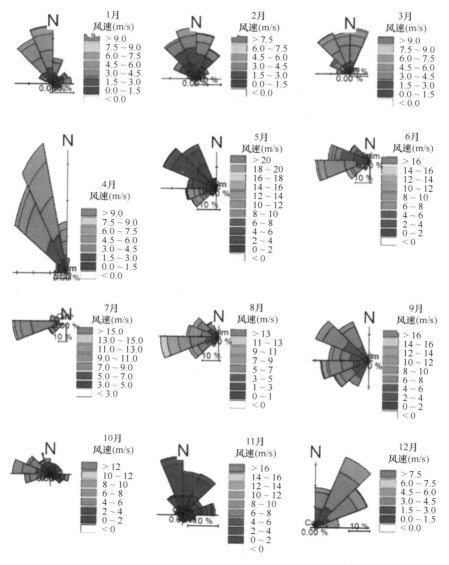

图 2.14　离岸风玫瑰图

（来源：国家海洋研究所 DS2 型浮标）

2.7　总结

波浪、海流、潮汐和风的特性是以某种方式互相联系的，拉克沙岛沿岸水域的波浪特性是通过波浪骑士波向浮标全年采集到的数据得出的。数据表明,拉克沙海的波候受到西南季风的影响,6月至8月是最恶劣的季节。

观测到的最大波高是8月份的8.95 m,11月至翌年3月间,波高一般不会超过5 m,在西南季风期间,大多数的H_{max}值约为5 m,而在非季风期间H_{max}约为1.4 m。一般说来,6月、7月、8月的H_s较高,处于1.75~4.70 m范围内,而在10月至3月间,H_s较低。

跨零周期(T_z)范围为3.5~13.3 s,2月和4月最大,6月至8月最小。在西南季风期间的T_z为7~8 s,在非季风季节,T_z为5~7 s。全年最大周期(T_p)范围为8.4~26.0 s,11月份观测到最小值,二月份最大。一般来说,和T_z情况一样,6月至8月T_p值最小。

全年的波向变化范围为106°—316°N,除了强西南季风外,全年度波向一直是西南偏西向,大多数时间里都是这个波向,而强西南季风期间,波向主要为西向。11月至1月间,观测到东向波。

在1月、2月、3月和10月测量期间,近海平均流向是西南向,而在4月和12月,则为东北向。流速达0.7 m/s。在测量月份里,入口航道附近的净海流是朝向潟湖的南面。前两个星期流向为东南向,下两个星期,变为西南向。

拉克沙岛近岸的潮汐是混合半日潮,最大潮位为1.4 m。潮汐具有半个月的月亮周期,它表明潮汐MF分潮的影响。

主要风向是西北向,其次是西向、北向和东北向。1月至4月和12月风速在0~8 m/s范围内变化,月平均风速小于4 m/s;5月、6月、7月、8月和9月平均风速为5.5~8.3 m/s。

参考文献

[1] Baba M, Shahul Hameed TS, Kurian NP, Subhaschandran KS (1992) Wave power of Lakshadweep Islands. Report submitted to Department of Ocean Development, Government of India, Centre for Earth Science Studies, Trivandrum

[2] Shahul Hameed TS, Kurian NP, Baba M (1994) Wave climate and power off Kavaratti, Lakshadweep. In: Proceedings of Indian national dock harbour and ocean engineering conference, CWPRS, Pune, pp A63–A72

[3] Baba M, Shahul Hameed TS, Kurian NP (2001) Wave climate and wave power potential of Lakshadweep Islands. Geol Surv India Spec Publ 56: 211–219

[4]   Baba M, Thomas KV, Shahul Hameed TS, Kurian NP, Rachel CE, Abraham S, Ramesh Kumar M (1987) Wave climate and power off Trivandrum. In: Project report on sea trial of a 150 kW wave energy device off Trivandrum coast. IIT, Madras on behalf of Dept of Ocean Development, Government of India

[5]   Prakash TN, Sheela LN, Shahul Hameed TS, Thomas KV, Kurian NP (2010) Studies on shore protection measures for Lakshadweep Islands. Final report submitted to DST, UT Lakshadweep, Centre for Earth Science Studies, Trivandrum

第3章
海滩形态

摘 要 本章介绍了拉克沙岛、阿明迪维岛和米尼科伊岛
1993—2005 年侵蚀和冲积的基线数据。海滩形态数据显示,
海岸侵蚀是岛屿所面临的严重问题,这些变化经常严重地影响
当地居民的生活,特别是在季风季节。海岛侵蚀是循环过程的
一部分,在这个循环过程中,海滩物质被波浪、潮汐流、沿岸
流和其他海岸过程所搬运走。在气旋/风暴期间,岛上的海岸
侵蚀最为严重。海岸侵蚀的研究将帮助岛上制定减灾措施的
策略。

关键词 海岸侵蚀 海滩轮廓 海滩体积变化 短期和长
期变化 自然灾害

3.1 概述

拉克沙群岛的海岸线完全暴露在流体动力的作用下,其结果是海岸
线的长期和短期变化,后者主要是受季风的影响。这些变化经常影响到
海岸的平衡,使某一位置受不同流体动力条件的作用而产生海岸侵蚀。
一个稳定的海滩经常保持侵蚀与冲积的平衡,在物质上没有明显减少或
增加。但是,大多数海岸地带由于自然的或人为的因素,面临或多或少
的海岸侵蚀或冲积,最严重的海岸侵蚀发生在风暴期间,这时海滩严重
缩小。为了执行岛屿的海岸线管理计划,必须进行具体海滩的监测计
划,常规采集环境数据,包括波浪、海流、潮汐、近岸地形、沉积物性
质等等。作为这项计划的一部分,地球科学中心在 1990—2005 年间在
拉克沙群岛,即卡瓦拉蒂岛、阿格蒂岛、阿米尼岛和班加拉姆岛上进行

有关海岸线长期和短期变迁的研究[1]；1997—2005 年在喀德马岛、契珥单岛、切特拉特岛和比蒂岛上[2] 以及 2003—2005 年在安德萨斯岛、格尔贝尼岛和尼科伊岛上[3] 也进行了同样的研究。本章介绍了这些研究所提供的观测结果，它描绘出拉克沙群岛有人居住岛屿上海滩变化的总概貌。

3.2   拉克沙岛的海滩

岛上的海滩由珊瑚砂和卵石组成，潟湖沿岸大多是沙滩，而非潟湖海岸的风暴海滩则是由珊瑚残骸和卵石组成。一般说来，潟湖沿岸的沉积物比非潟湖沿岸细一些，沉积物分类状况属于良好到尚好水平，有的地方甚至达到很好的分类水平。海岸潮间带一般有岩石。岛屿沿岸的潮汐为微潮汐，潮位约 1 m。沙滩提供的休闲设施是这些岛屿吸引旅游者的主要场所。沿岸侵蚀造成的功能性沙滩的消失对沙滩的生态及其美观产生不利的影响。在拉克沙岛上有着与海岸平行的沙丘和岛内的人造沙坝，在阿米尼岛上可以看到自然沙丘的良好例子。在卡瓦拉蒂岛内部，也可以看到人造的沙丘。一般说来，这些沙坝高出海平面约 3~6 m，在阿米尼岛东北部，最高沙丘达 6 m。

3.3   海滩监测计划

作为海滩监测计划的一部分，在有人居住的岛屿周围每隔 200 ~ 500 m 根据海岸地貌特点设立固定的参考测站进行常规的海滩调查，每个测站上还进行前滩沉积物取样和沿海环境观测（LEO），除了安德萨斯岛、格尔贝尼岛和米尼科伊岛只采集三套海滩资料外，其余每个岛屿在 3 年内的季风季节前和季风季节后期间各采集了 5 套海滩资料。将此期间采集到的资料进行对比，计算了海滩体积的变化，把它们划分为侵蚀型海滩、冲积型海滩和稳定型海滩。采集到的沉积物样品也进行了结构分析，以便计算海滩沉积物颗粒尺寸的时空变化。同时也采集了有关海岸地貌特征资料，诸如护堤、波蚀平台、前滩斜坡等。

3.4 海滩形态变化

在沿海地区，海滩形态的变化一般都通过海岸线位置的变化反映出来。海岸线变化可以分为短期变化和长期变化两种，它们之间的区别仅是时间尺度的大小。短期变化属于季节性变化，不会导致年度的净变化。在制定海滩保护措施时，长期变化才是特别重要的。

3.4.1 长期变化

为了评估岛屿侵蚀/冲积的趋势，通过1967年岛屿边界（根据地政地图）和1999年绘制的高潮线地图的比较，计算了30年来海岸线的长期变化。图3.1(a)~(d)、图3.2(a)~(e)、图3.3和表3.1示出各个岛屿的长期变化。

表3.1 1967—1999年间海岸线后退/前进的长期趋势[2]

岛　群	岛　屿	周　长 (km)	海岸线长度（km）（括号里给出百分比）		
			后　退	前　进	不　变
拉克代夫岛群	卡瓦拉蒂岛	11.45	4.15 (36)	7.12 (62)	0.18 (2)
	阿格蒂岛	16.14	9.01 (56)	6.34 (39)	0.79 (5)
	安德萨斯岛	10.59	4.47 (42)	0.92 (9)	5.2 (49)
	格尔贝尼岛	11.85	2.53 (21)	2.01 (17)	7.31 (62)
阿明迪维岛群	阿米尼岛	6.67	2.45 (37)	3.85 (57)	0.37 (6)
	喀德马岛	18.37	5.55 (30)	9.82 (54)	3.01 (16)
	契珥单岛	7.81	3.64 (47)	3.18 (41)	0.99 (12)
	切特拉特岛	5.82	2.14 (37)	3.20 (55)	0.48 (8)
	比蒂岛	1.30	0.11 (9)	1.14 (88)	0.15 (3)
米尼科伊岛群	米尼科伊岛	23.07	9.98 (43)	3.58 (16)	9.51 (41)

3.4.1.1 拉克沙岛群

图3.1(a)~(d)示出拉克沙岛群海岸线的长期变化。可以看出，卡瓦拉蒂岛沿西北部的CSK3-8测站和潟湖沿岸的CSK13和CSK14测站中，有30%（4.15 km）受到侵蚀的影响，CSK18测站也有受侵蚀的趋势。

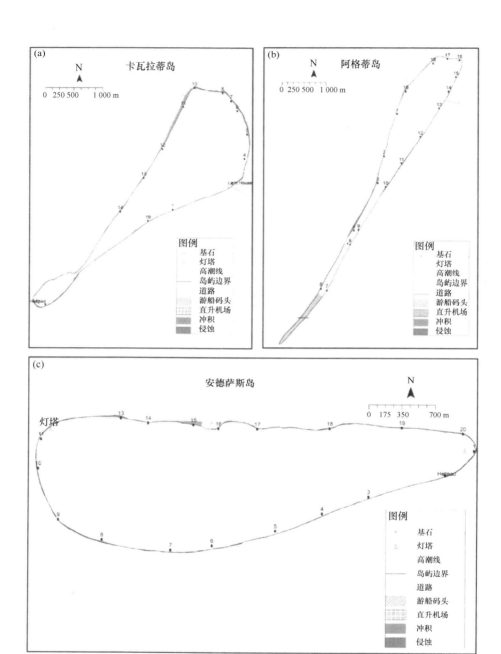

图 3.1 拉克沙岛群海岸线长期变化趋势 （1967—1999 年）

（a）卡瓦拉蒂岛；（b）阿格蒂岛；（c）安德萨斯岛；（d）格尔贝尼岛

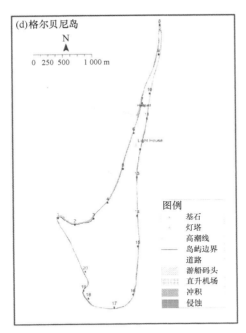

图 3.1　拉克沙岛群海岸线长期变化趋势（1967—1999 年）（续）

阿格蒂岛、安德萨斯岛和卡瓦拉蒂岛海岸线受侵蚀的百分比分别为
56%、42% 和 21%。在一个岛屿上海岸延伸地区的侵蚀或多或少地被同
一个岛屿另一地方的冲积所补偿。在阿格蒂岛上，在其东海岸延伸区机
场/直升机场以北 1.7 km 处明显地出现侵蚀。安德萨斯岛和格尔贝尼岛
有着比较稳定的海岸线，长度分别为 5.2 km 和 7.31 km，它们比卡瓦拉
蒂岛和阿格蒂岛的海岸线稳定（后者小于 1 km）。

3.4.1.2　阿明迪维岛群

阿米尼岛、喀德马岛、切特拉特岛、契珥单岛和比蒂岛受侵蚀海岸
线长度分别为 2.45 km、5.55 km、3.64 km、2.14 km 和 0.11 km（见表
3.1）。在这个岛群中，切特拉特岛潟湖沿岸一侧海岸线最大后退距离
为 35 m，契珥单岛东侧靠近 CSKL8 测站的海岸线后退 28 m［图 3.2
（a）（b）］。阿米尼岛和喀德马岛海岸线最大后退距离各 20 m［图 3.1
（c）（d）］。比蒂岛的大多数测站显示冲积的倾向，其他岛屿上既有侵
蚀，也有冲积［图 3.2(e)］。海岸线的长期变化表明，这个岛群里几乎
所有岛屿在总体上都存在着冲积的倾向。

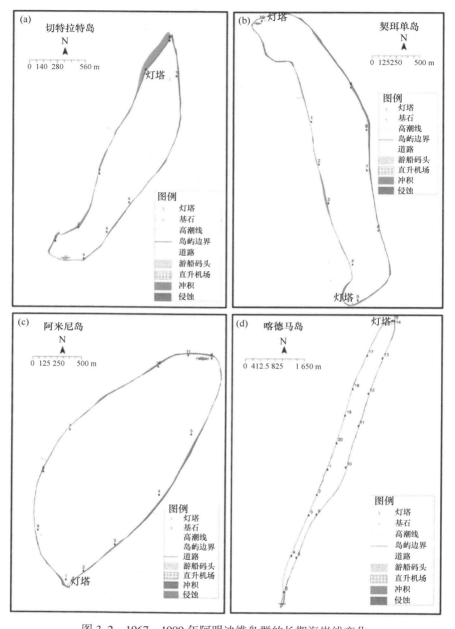

图 3.2　1967—1999 年阿明迪维岛群的长期海岸线变化

（a）切特拉特岛；（b）契珥单岛；（c）阿米尼岛；（d）喀德马岛；（e）比蒂岛

40

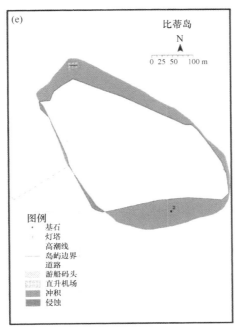

图 3.2 1967—1999 年阿明迪维岛群的长期海岸线变化（续）

3.4.1.3 米尼科伊岛群

米尼科伊岛是位于本岛群最南面的有人居住岛屿，它存在着整体被侵蚀的趋势［图 3.3(a)］。在码头附近，海岸线最大后退距离为 47 m，近 10 km 的海岸线（约 43%）处于被侵蚀状态，与本岛群的其他岛屿比起来，其冲积部分很小（3.58 km），其余海岸线（9.51 km）是稳定的。

3.4.2 短期变化

通过测量海滩的轮廓详细研究了不同季节里所有岛屿海岸线的短期变化，其结果列于表 3.2 中。某些岛屿所代表的两种明显不同位置（潟湖沿岸和开阔海域沿岸）的典型海滩轮廓示于图 3.4 中。把海滩的轮廓进行比较，计算了每个测站的海滩体积，评估了每个参考测站的海滩稳定性。利用总体体积变化的数据，进一步把海滩分为稳定型、冲积型和侵蚀型。海滩体积变化小于 1 m³/m 者为稳定型海滩；体积变化处于 ±1～5 m³/m 之间者，列为中等程度侵蚀或冲积型；当该体积处于 ±5～

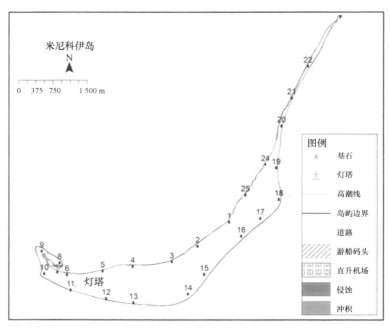

图 3.3 米尼科伊岛海岸线长期变化趋势（1967—1999 年）

10 m³/m 范围时，称为严重侵蚀或冲积型。上述范围被认为是关键的。
下面介绍所有有人居住的岛屿海滩体积的净变化情况。

表 3.2 岛屿海滩轮廓测量的详细情况

岛　屿	测量日期
卡瓦拉蒂岛，阿格蒂岛，阿格蒂岛和班加拉姆岛	1990 年 3 月，1990 年 9 月，1991 年 2 月，1999 年 9 月和 1992 年 5 月（1990—1992 年）
卡瓦拉蒂岛	2007 年 12 月和 2008 年 2 月
切特拉特岛，契珥单岛，喀德马岛和比蒂岛	1997 年 4 月，1997 年 11 月，1998 年 3 月，1998 年 11 月，1999 年 4 月
安德萨斯岛	2003 年 1 月、8 月和 11 月
格尔贝尼岛	2003 年 1 月和 2003 年 11 月
米尼科伊岛	2003 年 2 月和 2003 年 12 月

3.4.2.1 拉克沙岛群

卡瓦拉蒂岛：在卡瓦拉蒂岛上建立了 19 个海滩监测站（CSK1 -

19），相隔约 250 m［见图 3.1（a）］。CSK10-16 测站位于潟湖一侧的海岸，CSK1-6 和 17-19 则位于公海一侧，CSK7-9 位于本岛北部。

在 1990—1992 年间总共调查了五个海滩轮廓，计算出来的研究期间（1990 年 3 月至 1992 年 5 月）海滩体积净变化情况列于表 3.3 和图 3.5 中。

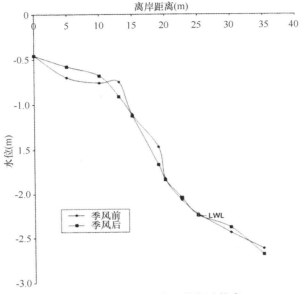

图 3.4　潟湖沿岸典型的海滩轮廓

表 3.3　1990 年 3 月至 1992 年 5 月卡瓦拉蒂岛海滩体积的变化

单位：m³/m

测　站	体积变化	
	冲　积	侵　蚀
CK1	6.20	
CK2	30.00	
CK3	17.10	
CK4		−4.15
CK5		−2.20
CK6		−5.10
CK7	4.10	
CK8	15.05	

测 站	体积变化	
	冲 积	侵 蚀
CK9		−2.30
CK10	4.15	
CK11	8.10	
CK12	8.30	
CK13	4.10	
CK14	4.40	
CK15		−1.20
CK16	4.45	
CK17		−30.10
CK18	5.10	
CK19	2.10	
总计	113.15	−45.05
净变化	68.10	

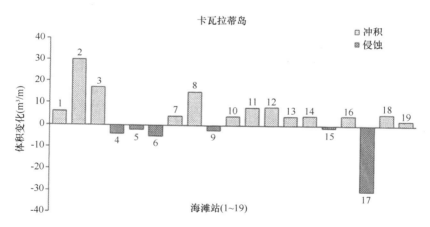

图 3.5　1990 年 3 月至 1992 年 5 月间卡瓦拉蒂岛海滩净体积的变化

　　除了 6 个测站外,岛上大多数测站具有冲积趋势,CSK4-6 和 15 表现出中等程度的侵蚀,CSK17 则有严重的侵蚀趋势。沿着 CSK14 和 15 比邻海滩站延伸 100 m 长的地方,明显出现一个高 1~2 m 的波蚀台地。沿着开阔海域东南方向的 CSK17 测站侵蚀情况严重,在接近"鸡脖子"

的地方净体积变化达 −30 m³/m，而在位于岛东北部的 CSK4−6 测站，在研究期间受到了中等程度的侵蚀。其他测站为冲积型。北面 CSK7−9 测站的海滩轮廓表现出西边潟湖沿岸与东部开阔海域之间明显的季节性沉积物搬运。观测到的短期趋势与岛上的长期变化相吻合。

阿格蒂岛：在阿格蒂岛上建立了 19 个测站，站号为 CST1−19，其中，9 个测站（CST7−15）位于开阔海域海岸，2 个测站（CST16 和 17）在北面，其余 8 个（CST1−6 和 18−19）在潟湖一侧［见图 3.1 (b)］。计算出来的 1990 年 3 月至 1992 年 5 月间的净变化示于表 3.4 和图 3.6 中。

表 3.4　1990 年 3 月至 1992 年 5 月阿格蒂岛海滩体积的变化　单位：m³/m

测　站	体积变化	
	冲　积	侵　蚀
CST1	10.1	
CST2		−3.52
CST3		−8.30
CST4		−1.30
CST5		−15.60
CST6		−6.80
CST7		−13.60
CST8	2.80	
CST9	12.10	
CST10		−8.50
CST11	6.20	
CST12	5.00	
CST13	7.80	
CST14	9.10	
CST15	0.60	
CST16	21.15	
CST17	4.80	
CST18	8.10	
CST19		−6.10
总　计	87.75	
净变化	24.03	

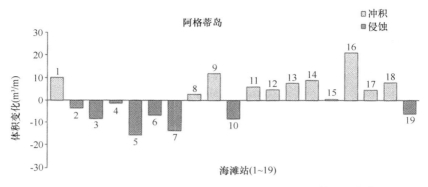

图 3.6　1990 年 3 月至 1992 年 5 月间阿格蒂岛海滩体积的变化

　　大多位于潟湖沿岸的测站在研究期间遭遇到侵蚀，在 CST2-6 测站连续出现可注意到的侵蚀，而 CST5 测站受到严重的侵蚀，其净体积变化达 16 m³/m。为了对付高速侵蚀现象，采取了很多海岸保护措施，诸如布设空心水泥块和四脚防波锥块等。主码头南面的 CST1 测站形成中度的冲积，而在潟湖一侧两个码头之间的 CST19 测站却受到中度的侵蚀，这是由于两侧建筑物结构阻碍了沉积物的搬运的缘故。沿开阔海域海岸一侧东南面与机场相邻的 CST7 测站侵蚀情况严重，再向北去的 CST10 测站侵蚀情况更为严重。岛屿北部的 CST17 和 18 测站受到中度到大量的冲积，这是因为沉积物从西侧的潟湖海岸搬运到东面的开阔海域海岸的缘故。

　　安德萨斯岛：安德萨斯岛是有人居住的最大海岛［图 3.1（c），也可参见表 1.1］，在这个岛上设立了 20 个海滩监测站（CSA1-20），相隔约 500 m。其中，8 个在南岸（CSA1-8），4 个在西面（CSA9-12），其余各测站在岛的北面（CSA13-20）。侵蚀/冲积速度示于表 3.5 和图 3.7 中。

表 3.5　2003 年 1 月至 2003 年 11 月间安德萨斯岛海滩体积的变化

单位：m³/m

测　站	体积变化	
	冲　积	侵　蚀
CSA1	11.46	
CSA2		−32.38
CSA3		−153.66

测　站	体积变化	
	冲　积	侵　蚀
CSA4		−21.32
CSA5		−84.5
CSA6		−24.78
CSA7	5.58	
CSA 8		−3.41
CSA 9		−10.63
CSA10		−7.55
CSA11	1.59	
CSA12		−6.85
CSA13		−2.03
CSA14		−6.69
CSA15	7.84	
CSA16		−0.45
CSA17		−0.41
CSA18		−13.97
CSA19		−5.36
CSA20	31.1	
总　结	57.57	
净变化	−319.43	

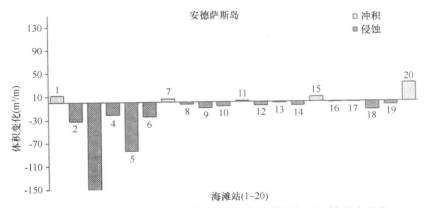

图 3.7　2003 年 1 月至 2003 年 11 月间安德萨斯岛海滩体积净变化

　　除了 CSA1 和 CSA7 测站外，岛南部的大多数测站受到侵蚀，在 CSA3 和 CSA5 测站测到大量的侵蚀，体积分别为 153.66 m^3/m 和 84.5 m^3/m。

再沿着岛的西南方向，海滩受到中度的侵蚀，CSA9 和 CSA10 的体积变化分别为 10.6 m^3/m 和 7.6 m^3/m。除了 CSA12 和 CSA14 测站侵蚀状况为中度外，岛的北部直至防波堤的海滩多少比较稳定。港口里面的 CSA16 测站的海滩是稳定的，这表明防波堤的西段阻挡了沿岸沉积物的自由流动。防波堤更靠东的测站受到侵蚀，CSA18 的侵蚀量为 14 m^3/m；但是在岛的最东面，CSA20 测站却受到大量的冲积，冲积量为 31.1 m^3/m。

格尔贝尼岛：阿格蒂岛沿岸设立了 20 个海滩监测站，相距约 300 m［也可参考图 3.1(d)］。CSK1-8 和 CSK18-20 为潟湖沿岸测站，CSK9-17 为开阔海域沿岸测站，在 2003 年 1 月至 2003 年 11 月研究期间，海滩体积的净变化示于表 3.6 和图 3.8 中。因为这项研究没有做满全年，因此它只是季节性的趋势，而不是全年趋势。

表3.6　2003 年 1 月至 2003 年 11 月格尔贝尼岛海滩体积净变化

单位：m^3/m

测　站	体积变化	
	冲　积	侵　蚀
CSK1		-1.75
CSK2		-33.88
CSK3	1.87	
CSK4		-3.85
CSK5		-32.59
CSK6		-0.15
CSK7		-8.40
CSK8 潟湖		-5.05
CSK8 沿海		-8.40
CSK9 潟湖		-7.85
CSK9 沿海		-2.96
CSK10		-6.05
CSK11	29.21	
CSK12		-1.015
CSK13		-10.46
CSK14		-1.86
CSK15		-3.18
CSK16		-2.19
CSK17	3.95	
CSK18		-2.45
CSK19		-4.03
CSK20		-66.94
总　计	31.10	-199.10
净变化	-168	

在此期间，沿岸净侵蚀为 168 m³/m①，除了 CSK11 和 CSK17 外，其他大多数站位由于受到季风的影响出现侵蚀。

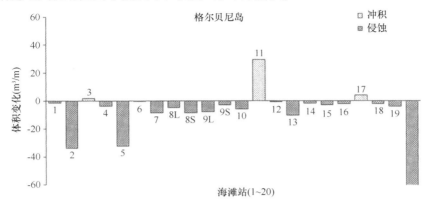

图 3.8　2003 年 1 月至 2003 年 11 月间格尔贝尼岛海滩体积净变化

3.4.2.2　阿明迪维岛群

阿米尼岛：在这个岛上共设立了 16 个监测岸站（CSA1-16），其中 8 个监测站（CSA1-4 和 CSA13-16）位于潟湖一侧，岛的北、南端部处各有一个测站（CSA5 和 CSA12），其余 6 个监测站（CSA6-11）位于沿东面开阔海域的海岸［见图 3.2（c）］。在 1990 年 3 月至 1992 年 5 月间计算出来的海滩体积变化示于图 3.9 和表 3.7 中。

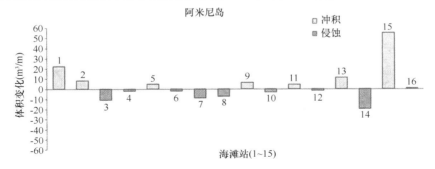

图 3.9　1990 年 3 月至 1992 年 5 月间阿米尼岛海滩体积净变化

---

①　原文为 68 m³/m，有误，根据上表，应为 168 m³/m。——译者注

表 3.7　1990 年 3 月至 1992 年 5 月间阿米尼岛海滩体积的净变化

单位：m^3/m

参考测站	体积变化	
	冲积	侵蚀
CSA1	22.50	
CSA2	8.20	
CSA3		−10.80
CSA4		−2.10
CSA5	4.8	
CSA6		−2.00
CSA7		−9.00
CSA8		−7.50
CSA9	6.20	
CSA10		−3.15
CSA11	4.6	
CSA12		−1.80
CSA13	11.10	
CSA14		−19.60
CSA15	55.0	
CSA16	0.6	
总计	113	−55.95
净变化	57.05	

　　这个岛值得注意的地方是它的总净冲积量达 57.05 m^3/m，潟湖一侧的 CSA15 测站的冲积最多，达 55 m^3/m，其次是 CSA1 测站，为 22.5 m^3/m。这个岛最严重侵蚀的地方是潟湖沿岸朝码头北侧的 CSA14 测站，测到的净侵蚀为 19.6 m^3/m，其次是岛西南侧的 CSA3 测站，其侵蚀值为 10.80 m^3/m。开阔海域沿岸的 CSA7 和 CSA8 的侵蚀属中等程度，分别为 7.5 m^3/m 和 9.0 m^3/m。

　　在这个岛的西北部 CSA12 与 13 之间，可以看到高出海平面 6 m 的沙丘，岛的北部 CSA12 测站的侵蚀属中等程度，可以看到由于海滩斜坡面的坍塌而形成的波蚀台地。

喀德马岛：喀德马岛是这个岛群中最长的岛屿［见图 3.2(d)］，在这个岛上设立了 20 个监测站（CSK1-20），相隔约 500 m。其中，12 个位于潟湖沿岸（CSK15-20 和 CSK1-6），其余 8 个位于东海岸（CSK7-14）。计算出了 1997 年 4 月至 1999 年 4 月间海滩体积变化，并示于表 3.8 和图 3.10 中。

表 3.8 喀德马岛 1997 年 4 月到 1999 年 4 月间海滩体积变化   单位：m³/m

参考测站	净变化	
	冲积	侵蚀
CSK 1		-5.15
CSK 2		-7.28
CSK 3		-1.54
CSK 4	4.42	
CSK 5		-0.71
CSK 6	5.62	
CSK 7	15.11	
CSK 8	8.51	
CSK 9		-3.26
CSK 10	0.93	
CSK 11	3.37	
CSK 12	1.23	
CSK 13	2.34	
CSK 14	3.38	
CSK 15		-6.61
CSK 16		-0.54
CSK 17	1.84	
CSK 18		-0.46
CSK 19	2.07	
CSK 20		-1.85
总计	+48.82	-27.4
净变化	+21.42	

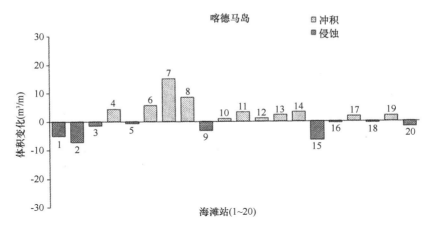

图 3.10 喀德马岛 1997 年四月到 1999 年四月间海滩体积净变化（m^3/m）

在潟湖沿岸，最大侵蚀是在码头南面的 CSK1 和 2，侵蚀量分别为
5.2 m^3/m 和 7.3 m^3/m。更南面的 CSK4-6 的海滩比较稳定或有中等程
度的冲积，除码头相邻的 CSK20 测站类似 CSK1 测站具有中等程度的侵
蚀外，码头北面的海滩为稳定海滩。东海岸的大多数测站呈现冲积状态，
东南面的 CSK7 和 CSK8 测站的冲积量分别为 15.1 m^3/m 和 8.5 m^3/m。
本岛西北端的 CSK15 测站受到侵蚀，其侵蚀程度与码头南面的 CSK1 和
2 测站相近。总的说来，东岸的冲积比较明显，而潟湖沿岸，特别是码
头南侧则受到侵蚀。

切特拉特岛：在切特拉特岛上设立了 12 个监测站，相隔约 300 m
［图 3.2（a）］。CSC11、CSC12 和 CSC1-4 代表潟湖沿岸，CSC5-9 代表
东海岸。计算了 1997 年 4 月至 1999 年 4 月间所有测站的侵蚀/冲积数
据，并列于表 3.9 和图 3.11 中。

表 3.9 1997 年 4 月至 1999 年内 4 月间切特拉特岛海滩体积变化

单位：m^3/m

参考测站	净变化	
	冲积	侵蚀
CSC1		−12.80
CSC2	1.58	
CSC3	10.01	
CSC4	3.14	

参考测站	净变化	
	冲积	侵蚀
CSC5		−2.31
CSC6		−4.32
CSC7	3.75	
CSC8	0.80	
CSC9		−3.68
CSC10	3.72	
CSC11	8.96	
CSC12	2.20	
总计	34.16	−23.11
净积累变化	+11.05	

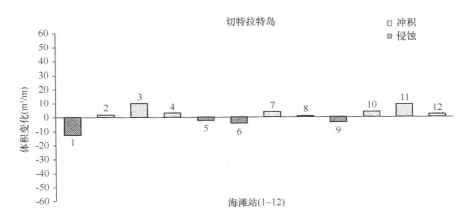

图 3.11　切特拉特岛 1997 年四月到 1999 年四月间海滩体积净变化

　　一般说来，除了码头南面 CSC1 测站受到 12.80 m^3/m 的侵蚀外，潟湖沿岸主要呈冲积趋势。CSC3 测站的冲积明显，达 10.03 m^3/m，其次是 CSC11 测站，为 8.96 m^3/m。东部沿岸的测站大多不是稳定的，就是呈侵蚀状态，如同 CSK6 测站一样。在本岛北部的 CSC10 测站，观测到潟湖沿岸与本岛东部之间沉积物的季节性搬运。但是，在这个测站上观测到的净变化为轻度冲积型，其大小为 3.7 m³/m。

契珥单岛：在 1997 年 4 月至 1999 年 4 月研究阶段，契珥单岛上设立了 11 个监测站（CSKL1-11）[见图 3.2（b）]，其中，CSKL1-5 和 11 位于潟湖沿岸，CSKL10 测站位于北端，CSKL6-9 位于东海。

计算了所有测站的侵蚀/冲积数据，并列于表 3.10 和图 3.12 中。

表 3.10　1997 年 4 月至 1999 年 4 月间契珥单岛海滩体积的变化

单位：m³/m

参考测站	净变化	
	冲积	侵蚀
CSKL1	5.72	
CSKL2	9.39	
CSKL3		−5.99
CSKL4		−4.26
CSKL5	6.49	
CSKL6	0.59	
CSKL7	5.44	
CSKL8		−4.68
CSKL9	0.74	
CSKL10		−9.99
CSKL11	8.01	
总计	36.38	−24.94
净变化	+11.46	

总的说来，冲积是本岛的主要趋势。潟湖沿岸的 CSKL3 和 4 测站受到侵蚀，其体积变化分别为 6 m³/m 和 4.3 m³/m。潟湖沿岸的其余测站为冲积型。可以看到，CSKL1 测站很好地受到四脚防波锥块的保护。码头北面的 CSKL11 测站大量冲积，其量达 8 m³/m。

沿东海岸，除 CSKL8 外，所有测站都是冲积型的。但是，位于本岛北端的 CSKL10 测站观测到 10 m³/m 的侵蚀。正如其他岛屿一样，在潟湖沿岸与东海岸之间，发生沉积物的季节性交换。但是，不像其余岛屿一样，在这个岛上，存在着明显的侵蚀趋势。

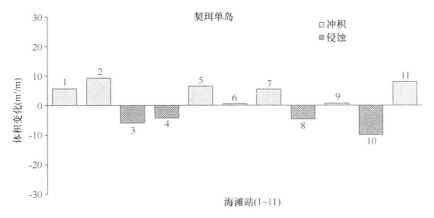

图 3.12　1997 年 4 月至 1999 年 4 月契珥单岛海滩体积的净变化

比蒂岛：1990 年 3 月至 1992 年 5 月间 8 个测站（CSB1-8）计算出来的海滩净变化示于图 3.13 中。可以看出，大多数测站面临侵蚀。但是，南面的 CSB1 和 2 测站的冲积量很大，东面 CSB3-6 测站和西面 CSB8 测站受到不同程度的侵蚀（图 3.13）。在潟湖沿岸，CSB1 测站测到最大冲积量（18.86 m³/m），岛南面的 CSB3 测站受到最严重侵蚀（13.65 m³/m），开阔海域南部的 CSB7 测站冲积量最大，达 25.76 m³/m（见表 3.11）。可以推断出，在研究期间，码头南面和本岛北部的海滩呈冲积趋势，而东南部和开阔海域沿岸的大多数测站则呈侵蚀趋势。

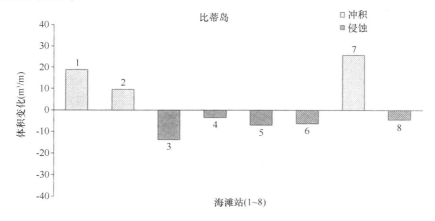

图 3.13　1997 年 4 月至 1999 年 4 月间比蒂岛海滩净变化

表 3.11　1997 年 4 月至 1999 年 4 月比蒂岛海滩体积变化　单位：m^3/m

参考测站	净变化	
	冲积	侵蚀
CSB1	18.86	
CSB2	9.5	
CSB3		−13.65
CSB4		−3.45
CSB5		−7.06
CSB6		6.29
CSB7	25.76	
CSB8		−4.5
总计	54.12	−34.96
净变化	+19.17	

3.4.2.3　米尼科伊岛群

2003 年 1 月至 2003 年 11 月间在米尼科伊岛上设立了 25 个测站 CSM1-25（见图 3.3）进行海滩监测，CSM1-8、20-23 和 24-25 代表潟湖沿岸（西侧），其余各测站，即 CSM9-19 和 20-23 位于开阔海域沿岸。表 3.12 和图 3.14 列出每一个测站的侵蚀/冲积情况。由于数据没有覆盖全年，仅覆盖海滩建设期间好天气时的数据，这些数据中季风侵蚀期间的数据占主要地位。北部 CSM24 测站和岛南端面向潟湖的 CSM8 测站记录了大规模的冲积，分别为 21.8 m^3/m 和 19 m^3/m。但是，沿潟湖岸边的 CSM4 和 5 受到严重的侵蚀，CSM5 的侵蚀量达 19.11 m^3/m。在这些测站上，提供了四脚防波锥块，进行海岸保护。在北面，潟湖沿岸的 CSM21 测站观测到大的侵蚀。

表 3.12　2003 年 1 月至 2003 年 12 月间米尼科伊岛海滩体积的变化

单位：m^3/m

测站	体积变化	
	冲积	侵蚀
CSM1	6.98	
CSM2		−1.19
CSM3	0.97	
CSM4		−3.28
CSM5		−19.71
CSM6		−0.02
CSM7	2.10	
CSM8	19.71	
CSM9	0.91	
CSM10		−5.28
CSM11		−0.16
CSM12		−11.95
CSM13	1.05	
CSM14		−4.57
CSM15		−4.45
CSM16	10.8	
CSM17	10.2	
CSM18		−2.55
CSM19	0.95	
CSM20 东		−23.93
CSM20 西	0.24	
CSM21 东		−5.3
CSM21 西		−21.35
CSM22 东	11.07	
CSM22 西		−0.11
CSM23 东		−19.11
CSM23 西		−6.76
CSM24	21.82	
CSM25		−0.22
积累体积变化	86.80	−129.94
净体积变化	−43.14	

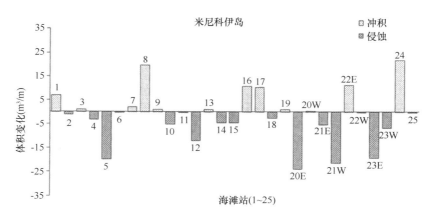

图 3.14　2003 年 1—12 月间米尼科伊岛海滩净体积变化

　　本岛南部沿开阔海域主要由粗砂与小卵石/鹅卵石组成的海滩比较稳定，东海岸大多数测站呈侵蚀型。位于本岛北端的 CSM20 和 39 （东部）测站受到最严重的侵蚀，岛中部的测站，特别是 CSM14 和 15 受到中度侵蚀，其余测站的海滩不是稳定的就是中度冲积型。

3.5　海滩沉积物特性

　　岛屿的西边，一般都有个潟湖，东面则是狭窄的风暴海滩。潟湖一侧的海滩由砂质沉积物构成，而海边一侧的海滩由卵石/粗沉积物构成（图 3.15）。礁盘外面，有着发育良好的波蚀台地，它从礁盘边缘延伸出 50~100 m 以上，它是最近 10 000 年里最低的海平面。不同类型的过程作用于这些岛屿。在这些环形珊瑚岛上，生活着大量各式各样的生物群体，包括珊瑚种群、软体动物、双壳贝类、有孔虫类、棘皮类动物等等，珊瑚藻是形成礁盘的重要群体，同时也从礁盘中产生沉积物。环形珊瑚岛上沉积物的主要来源就是珊瑚的碎片。潟湖里的沉积物由不同种类的珊瑚礁构成，诸如仙掌藻属珊瑚、腹足动物壳体、双壳贝类、有孔虫类、介形动物和苔藓动物等等。环形珊瑚岛上的沉积物是纯骨骼碳酸，很少含有二氧化硅、铝和铁。典型岛屿（即卡瓦拉蒂岛）在季风前季节、季风季节和季风后季节里的沉积物大小示于表 3.13 中。

图 3.15　米尼科伊岛东海岸的小卵石/鹅卵石海滩

表 3.13　卡瓦拉蒂岛海滩沉积物（在平均水平面上）大小的季节性变化

测站	平均值（mm）			分类（phi）		
	季风前	季风期间	季风后	季风前	季风期间	季风后
1	—	0.61	0.39	—	0.80	0.87
2	0.43	0.48	0.48	0.79	0.78	0.96
3	0.44	0.36	0.41	0.88	0.97	0.77
4	0.45	0.50	—	0.61	0.81	—
5	0.36	0.54	—	0.51	0.85	—
6	0.46	0.68	0.38	0.55	0.75	0.52
7	0.94	0.46	0.32	0.93	1.42	1.12
8	0.47	0.48	0.32	0.93	0.83	0.88
9	0.35	0.50	—	0.70	1.35	—
10	0.21	0.21	0.23	0.56	0.60	0.72
11	0.27	0.27	0.31	0.78	0.68	0.76
12	0.36	0.31	0.35	0.87	0.73	0.84
13	0.38	0.31	0.29	0.76	0.67	0.67
14	0.57	0.50	—	0.48	0.85	—
15	—	0.38	0.48	—	0.85	1.18
16	0.38	0.32	0.67	0.72	0.61	0.89
17	0.63	0.59	0.51	0.56	0.70	0.49
18	—	0.54	0.51	—	0.59	0.57
19	0.38	—	0.40	0.77	—	0.77
20						

3.6 海岸保护措施

为了采取对付海岸侵蚀的防护性措施，拉克沙岛管理部门在岛上实施了很多低价的海岸保护措施，这些措施的主要依据是联邦水资源部一个委员会 1986 年提出的报告，该报告建议采用一种不很昂贵的替代办法，以防止拉克沙岛的侵蚀[4]。该委员会建议几种在岛上进行的低价小规模试验，拉克沙岛市政工程部门采用了几种低价方案，例如空心水泥块、棕袋填石块、木桩加铺板以及四脚防波锥块等［图 3.16（a），（b）］。这些方案比常规的橡皮防波堤要便宜些，在侵蚀控制方面也是很有效的。在建造了这些结构物之后，发现侵蚀现象转移到沿岸的下游方向。

随着海岛沿岸地区人口和主要设施密度的增大，加大了建设海岸保护设施和采取其他减灾措施的投资。虽然当前的保护措施从远景看是正确的，但从环境的角度看，这种工程解决方法却不总是受欢迎的。可以通过恰当的管理方法进行海滩的维护，这种管理方法正确组合了各种不同形式的干预，包括通过数字模型制定的针对具体地点的保护措施，这种数字模型是根据流体动力学数据、近岸地形、沉积物特性而研发的。有关这方面的问题，将在第四章中介绍。

3.7 总结

海岸侵蚀是拉克沙岛上重复发生的自然灾害之一。通过 1967 年岛屿边界和海滩轮廓数据与当前高潮线（HTL）的对比，开展了拉克沙各个岛群海岸线长期和短期变化的分析。卡瓦拉蒂岛的侵蚀发生在岛的西南、东南和东北部；在鸡脖子附近（这里岛宽小于 50 m）的 CSK17 测站上观测到经受严重侵蚀的海滩。一般说来，阿格蒂岛的季节性侵蚀发生在潟湖沿岸，特别是岛的西南和东南部。在安德萨斯岛上，南部大多数测站受到侵蚀，岛北部的防波堤阻碍了沿岸沉积物朝东面自由流动，从而引发了侵蚀。格尔贝尼岛码头北面和岛西南面的海滩受到季节性侵蚀。

阿明迪维岛群属于北方岛群，它易受气旋和风暴的影响。在阿米尼岛上，潟湖沿岸受到严重侵蚀的 CSA14 测站的净侵蚀量达 19.6 m³/m。

图 3.16　（a）保护米尼科伊岛海岸的空心水泥块和四脚防波锥块；
（b）布设在斜坡上的空心水泥块和四脚防波锥块

　　喀德马岛东海岸受到相当大的冲积，而在潟湖沿岸，特别是码头南面却
受到侵蚀。切特拉特岛的研究表明，码头南面和岛的东南部的海滩受到
季节性的侵蚀。尽管契珥单岛码头南面的海滩受到侵蚀，但是东海岸的
海滩却是稳定的。除了东南部的海滩呈侵蚀型外，比蒂岛的大多数海滩
是稳定的。
　　米尼科伊岛东南面的海滩主要由粗砂和小卵石/鹅卵石混合构成，
它相对于东海岸是稳定的。岛的中间部分，特别是 CSM14 和 15 测站受

到中度侵蚀，而其余测站不是稳定的就是受到中度冲积。

这些岛屿受侵蚀的原因有自然因素，也有人为因素。自然因素是流体动力过程和礁盘边缘高度随时间而降低；人为因素是海岸保护设施的建造和海滩采砂。海滩是可以通过合理的管理计划得到维护的。在布设四脚防波锥块、空心水泥块、和填卵石棕袋等海岸保护设施的地方，海岸被稳定住。这类措施往往妨碍了渔业和旅游业。观测到在一些岛屿上，出现季节性沉积物大量从岛的一侧搬运到另一侧的现象。建造丁坝可能有效地控制侵蚀。建议在每个岛上长期监测海岸线和采集沿海环境参数。从长远方面，岛屿的综合海岸带管理计划（第六章）必须一丝不苟地予以执行。

参考文献

[1] Suchindan GK, Prakasn TN, Prithviraj M (1993) Studies on castal erosion, sediment movement and bathymetry in selected islands of the UT of Lakshadweep (1990 – 1993) —Kavaratti, Agatti, Amini and Bangaram (Phase–I). Technical report, Department of Science and Technology, UT Lakshadweep, CESS, Trivandrum

[2] Prakash TN, Suchindan GK, Prithviraj M (2001) Studies on castal erosion studies in Lakshadweep Islands (1997–2000) —Kadamat, Chetlat, Kiltan and Bitra (Phase–II). Technical report, Department of Science and Technology, UT Lakshadweep

[3] Prakash TN, Suchindan GK, Thomas KV (2005) Studies on caostal erosion studies in Lakshadweep Islands (2002–2005) —Androth, Kalpeni and Minicoy (Phase–III). Technical report, Department of Science and Technology, UT Lakshadweep

[4] Gadre MR (1989) Anti sea erosion works at Lakshadweep Islands site inspection report. Central Water Power Research Station, Pune

第4章
卡瓦拉蒂岛海岸过程的数字模拟

　　摘　要　需要在不同季节里进行一项关于波候和海岸过程的研究，以便探明影响海岸线变化的因素和确定需要进行保护的地方。利用数字模型作为一种研究近岸波候和海岸过程的有效工具。采用丹麦水力研究所（DHI）研发的模拟系统（MIKE21）进行模拟研究。本章介绍了建模的特点和模拟的结果，包括有关尽量减小对拉克沙岛群中卡瓦拉蒂岛海岸带的影响的建议。模拟研究的结果为有效制定减灾和保护海岛的管理措施提供关键的信息。
　　关键词　海岸侵蚀　冲积　数字模拟　波浪　海流　绕射海岸保护　海岸过程

4.1　概述

　　作为海岸监测计划的一部分，由国家地球科学研究中心发起的海岸侵蚀研究表明，在几乎所有有人居住的岛屿上都存在着明显的海岸线变化。通过早期的研究以及当前的现场观测了解到的侵蚀速度的空间变化与一系列因素有关，包括自然因素和人为因素。引起海岸线变化的自然因素包括近岸波浪、海流、风等的影响。但是，这些环境因素对海岸的净年度影响或多或少地类似于季风季节引起的侵蚀和接踵而至的好天气期间发生的冲积，所以保持着良好的平衡。自然条件的一个例外是出现偶发事件，例如严重低气压、气旋、风暴等，这时海岸线的短期变化可能十分剧烈，以至于海滩在下一个好天气季节、甚至再过几年都不能得以恢复。2004年影响卡瓦拉蒂岛的气旋就是这样的例子。报告称，卡瓦拉蒂岛北部在这个气旋过境时受到严重的影响，冲击这个海岛的大浪以及连续三天的大雨造成的泛滥冲走了本岛北部大部分现有的海滩，特别是面向入口航道的地区[3]，物质损失十分严重，以至于在进行研究的 2007—2009 年间这个地区的海岸仍然还是侵蚀型性质。此外，人为活动，诸如作为港口发展的一部分将珊瑚礁从北部挖掉和在西部建设码头，同样明显地带来了高速的侵蚀。在与半封闭的潟湖相邻的岛屿西南岸看到的侵蚀直接与好天气期间沿岸沉积物很少从北面搬运到南面的事实有关，因为两个长码头阻碍了沉积物继续向南搬运。季风季节的大浪使环绕潟湖的珊瑚礁坝逐步下沉和摩擦，这毫无疑问地为岛的西部强化波浪的作用铺平道路。

在这个背景下，必须进行一项在不同季节里近岸波候和海岸过程的综合研究，以便探明引起海岸线变化的原因和确定需要立刻进行保护的地方。本研究的目的是通过数字模拟了解这些变化。模型研究采用了丹麦水力研究所开发的 MIKE21 模型系统，本章讨论了建模的特点和模拟的结果。

4.2　数字模型研究：应用的模型

采用 MIKE21 模型系统的各种模块进行数字模型研究，下面介绍当前工作所采用的 MIKE21 程序中的模型/模块。

频谱波浪模型（SW）

MIKE21 频谱波浪模型（SW）用于波候仿真。MIKE21 SW 是新一代的频谱风-浪模型，它以非结构化网络为基础，该网络考虑了所有重要的现象，诸如风生波的生长、非线性波-波相互作用、白帽子引起的耗散、海底摩擦和水深引起的破碎波、水深变化引起的折射和浅水作用以及波流相互作用等[4]。该模型模拟海滨和沿岸地区风生波和涌浪的成长、衰减和转化。在当前的研究中，采用以波浪作用守恒方程式[5,6]为基础的全波谱公式。数字模型需要输入的参数是水深和具体测站的流体动力数据，包括近海波浪、风和海底沉积物特性。为了准备水深数据，将拉克沙岛港口工程局测出的北部和西部地区的近海详细网格数据与国家水文办公室（NHO）提供的海图结合起来。为了确定近海波浪边界条件，采用由金奈国家海洋技术研究所在卡瓦拉蒂岛西北约 25 km 处布放的波浪骑士测得的数据。频谱波浪模型的输出数据是波浪参数，如有效波高、跨零波周期、平均波向等。同时还生成波浪作用下的辐射应力，因为还需要通过 FM 海流模型利用这个数据进一步计算海流和沉积物的搬运。

4.3 MIKE21 海流模型 （MIKE21-FM）

为了彻底了解海岸过程和研究区域的环流，利用 MIKE21-FM 模型系统的流体动力模块（HD）建立模拟区域的流体动力模型。这个流体动力模型适用于海洋、沿岸和河口地区的综合应用，它可以广泛地用来模拟水力学和相关项目，包括潮汐交换、海流、风暴潮、热量和再循环、水质、海岸工程等。这个模型的基础是线性三角元非结构化网络，并采用单元中心有限体积解决法技术。采用非结构化网络的好处是它为表示复杂的几何图形提供最优的灵活度，同时能够平滑地代表边界，这将进一步帮助在给定时间内提供最优化的信息。因此，提供一个能够代表模拟区域的合适网格将是运行模型的首要条件。

建立模型涉及选择模拟的地区、利用能够得到的水深数据生成网格模型，以便得到所需的分辨率、给定研究中要考虑的流场、风场和波浪场以及确定边界等。运行海流模型的基本输入是区域和时间参数、初始和边界条件、校准因子和其他驱动力。区域参数是水深数据和计算网格，时间参数是模拟长度和总的时间步长。模型微调的校准因子是海底阻力、动量弥散系数等。为了定义初始条件（如果有的话），给出水位和流速分量，并把它们当成输入量。利用沿模型边界的水位/排放量定义边界条件。其他在模型中能够定义的驱动因素是风速、风向、潮汐、排放源和波浪辐射应力。

HD 模型的输出有两种形式：每个单元的基本和附加变量和时间步长。基本变量是水深和水位、主要方向上的通量密度、主要方向上的流速、温度、密度和盐度；而附加变量包括流速和流向、风速、气压、阻力系数、降水量/蒸发量、柯朗/ CFL 数和涡流黏度。附加变量只在有需求时才生成，而基本变量是默认的，只要运行模型就可以得到。

沉积物搬运模块

以前在海岸环流一节中提到的 MIKE21 综合海流模型中有一个沉积物搬运模块（ST），利用这个模块研究了被研究区域在三个季节里的沉积物搬运和相关的过程。利用这个模块计算了沉积物搬运能力，还计算了无黏性沉积物在海流或波浪联合作用下产生的海底高程变化的初始速度。这个模块根据提供的输入数据在弹性网格（非结构化网格）上计算了感兴趣区域的沉积物搬运速度，输入数据包括流体动力数据（由流体动力模块模拟出来的）、波浪数据（由 MIKE21 SW 提供）和海底底质特性。模拟是在对应于给定水深的流体动力条件的基础上进行的。ST 模块覆盖从纯海流情况到波浪海流联合作用的情况，同时还考虑了破碎波的影响。

运行 ST 模块所必要的输入数据是模型区域（水深数据和模拟长度）、流体动力数据（水深和流场——从海流模型获得）、波浪数据（波高、波周期和波向——从 SW 模型获得）、沉积物特性（大小和海底底质粒度）和地貌参数（经常更新）。ST 模块的输出参数是沉积物搬运速度和所产生的地貌变化。它们以基本输出变量（例如总负载、海底高程变化、海底高程变化速度和海底高程）的形式出现。

4.4　建模

为三个不同的季节建立独立的数字模型，不同季节即季风前季节（2 月至 5 月）、季风季节（6 月至 9 月）和季风后季节（10 月至翌年 1 月）。这是必须的，因为模型校准和验证必须每一个季节进行一次，这是因为校准时使用的调节参数不是一直恒定的，它受制于季节性的变化。

4.5　模型校准与验证

利用现场人员采集的季风前、季风期间和季风后的流体动力数据来校准与验证数字模型。记录下来的现场数据经过仔细检查后获得岛上流体动力特性的第一手信息，作为主要的数据。模型校准时，把模拟的结果与不同季节采集的现场数据进行比较，同时调整微调参数。调整时，将海底摩擦系数作为主要参数。

2007 年 12 月至 2008 年 12 月间在卡瓦拉蒂岛上进行短期海滩变化的研究数据用于模拟结果的验证，同时还参考了 2000 年国家地球科学研究中心设立的 20 个海滩监测站（即 CSK1-20）的数据。结果显示，模拟的数据与现场的数据十分吻合。

4.6 结果与讨论

4.6.1 模拟的波浪参数

季风前、季风期间和季风后卡瓦拉蒂岛的近岸模拟最大波高示于图 4.1 至图 4.3 中，三个不同季节的模拟波浪参数平均值也示于图中。季风前的 3 月份模拟有效波高的平均值为 0.1~1.2 m，最大值 1.2 m 出现在岛的东北部，即测站 6 和 7 前面的海岸。岛的东部、特别是东北部波浪的活动比潟湖一侧更为频繁，在这个地区平均有效波高为 0.5~1.2 m。在季风前季节里，近岸平均波向变化较大，东部沿岸的平均波向变化范围是 140°~180°，而在西岸与珊瑚礁交界处，平均波向变化范围为 240°~280°。本季节平均波周期为 5~9 s。在季风季节的 7 月，平均有效波高为 0.2~1.8 m，岛的北部和东北部波浪活动较为活跃，模拟的结果显示，尽管来波方向是 250°~270°，在西部波浪活动仍然不太活跃，这是因为珊瑚礁起了自然保护的作用，它像水下防波堤一样，衰减了波浪的能量。跟季风前情况一样，在季风季节里，近岸平均波向变化也很大，东部沿岸的平均波向变化范围为 180°~200°，而在西岸与珊瑚礁交界处平均波向变化范围为 220°~280°。此期间平均波周期为 7~8 s。季风季节后的 11 月份，平均有效波高为 0.1~1.4 m，与季风前季节相同，此期间，北部和东北部的波浪活动也比较活跃。岛的东部，特别是东北部，波浪活动比西部的潟湖沿岸更为活跃。东部沿岸的平均波向为 160°~180°，而在西岸与珊瑚礁交界处平均波向为 10°~240°。此期间平均波周期为 6~10 s，计算了各个时期的最大波周期的统计平均值，因为它给出有关涌浪的信息。所有季节里的最大波周期统计平均值为 12~15 s，每个季节到达本岛的长周期波的空间变化很明显。

4.6.2 波浪绕射

卡瓦拉蒂岛的波浪绕射方向为 SSW—NNE 向，最大长度为 4.5 km（SSW—NNE 方向），宽度为 1.5 km（东西方向），这种现象不能忽略不计。因此，进行了单独的研究，以便了解、分析和研究外海波浪靠近岛屿时所产生的波浪绕射和折射对近岸波幅值和方向的影响。绕射研究时，考虑了三个季节的主要波向和周期。在这三个季节里，主波向为

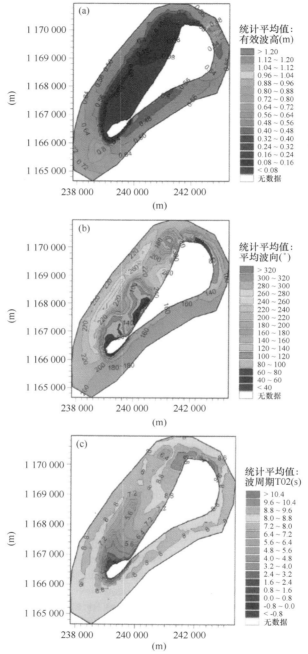

图 4.1　季风前的 3 月份模拟波浪参数的平均值

（a）有效波高；（b）平均波向；（c）跨零周期

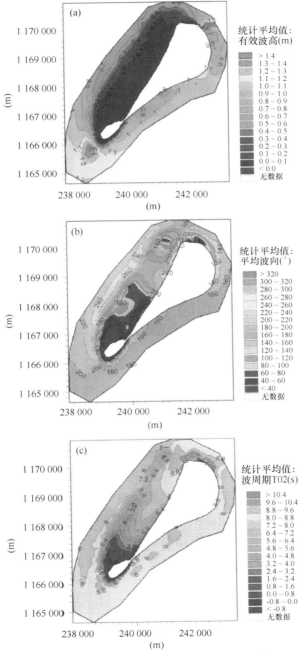

图 4.2　季风季节的 7 月份波浪参数的平均值

（a）有效波高；（b）平均波向；（c）跨零周期

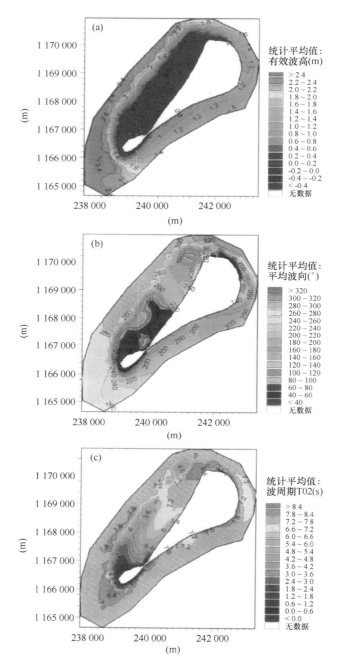

图 4.3　季风后的 11 月份波浪参数的平均值

（a）有效波高；（b）平均波向；（c）跨零周期

70

260°~270°和 200°~210°，主波周期为 7~8 s[7]。因此，针对两种情况进行研究：一种是 265°波向和 7.5 s 波周期，另一种是 210°波向和 7.5 s 波周期。示于图 4.4 和图 4.5 的研究结果显示，两种情况中，岛的南部和西部波浪活动都较为频繁，而东部和东北部由于波浪绕射的影响，波浪活动相对来说不太频繁。这个观测结果或多或少类似于早期的报告。

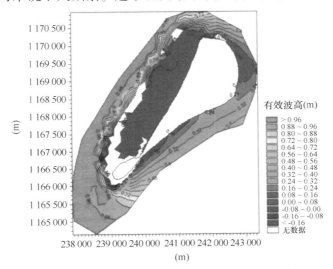

图 4.4　从 265°N 方向传来的波浪（有效波高 1 m、波周期 7.5 s）
所产生绕射的影响

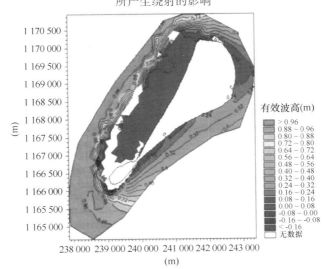

图 4.5　从 205°N 方向传来的波浪（有效波高 1 m、波周期 7.5 s）
所产生绕射的影响

71

4.6.3　海岸环流

　　三个季节——季风前、季风期间和季风后的模拟平均海流模式示于图 4.6 中。分析结果显示，在所有三个季节中，岛的北部，特别是从 CSK5 到 CSK8 测站的地区的海流比较大，西北地区（毗邻 CSK9 和 CSK10 地区）的海流也较大，季风季节出现最大海流。从图 4.6（b）可以明显地看出，在整个季风季节里，从 CSK9 到 CSK11 的整个海岸带中，都有较大的海流。这个地区海流较大的原因是因为它靠近入口航道，再加上潮汐的影响。另一个有趣的观测结果是，虽然季风季节里主要波向是 260°~270°，但在岛的东部仍然能看到较大的海流，特别是在东北部和东南部地区，这是因为在季风季节里波浪到达海岸时产生绕射和折射的影响。但是，在季风后季节里，绕射和折射对岛的西部不产生影响，这是因为除了少数地区（如天然入口和主入口航道对面的海岸带地区）之外，岛的西部在很大程度上受到环绕潟湖的珊瑚礁的保护。在这些地区，波浪直接冲击海岸。模拟结果显示，在北部地区平均沿岸流的最大值约为 0.3 m/s。在季风前、季风期间和季风后季节里，潟湖里的平均流向分别在 80°~140°；80°~100° 以及 100°~120° 之间变化。岛的东部流向的季节性变化比潟湖地区来得明显。季风前和季风后季节东部海岸的流向变化范围为 200°~240°，而在季风季节里，变化范围为 60°~120°。

　　三个季节（即季风前、季风期间和季风后）卡瓦拉蒂岛上及其周围的海流模式示于图 4.6 和图 4.7 中。在季风季节的 7 月份，潟湖里沿岸流的方向主要是向北，而在季风后季节的 11 月份，该流向是向南。仔细检查东北部和沿东岸地区的海流后发现在一两个地区出现波动流，这一点被国家地球科学研究中心项目组沿岸流测得的数据和其他采集的数据所证实。现场测量的数据示于图 4.8 中。模拟结果表明的东部一两个地方海流汇合的趋势为现场测量组的报告所证实，该报告证实存在着一两个小的袋状海滩。

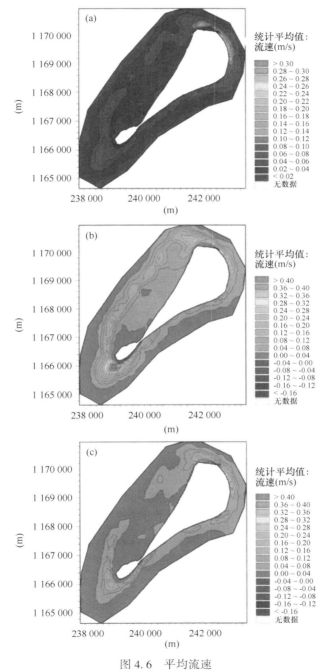

图 4.6 平均流速

（a）季风前的 3 月份；（b）季风季节的 7 月份；（c）季风后的 11 月份

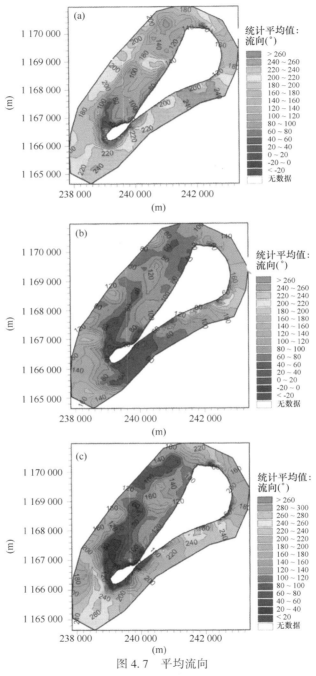

图 4.7 平均流向

(a) 季风前的 3 月份；(b) 季风期间的 7 月份；(c) 季风后

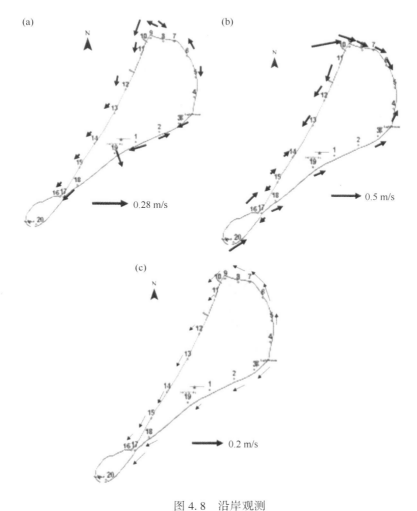

图 4.8　沿岸观测

（a）季风前的 3 月份；（b）季风期间的 7 月份；（c）季风后的 11 月份

4.6.4　沉积物搬运

在运行 MIKE21 海流模型时，启动沉积物搬运模型，计算三个季节里沉积物的搬运速度。计算了季风前、季风期间和季风后卡瓦拉蒂岛沿岸沉积物搬运速度，其结果示于图 4.9 中。

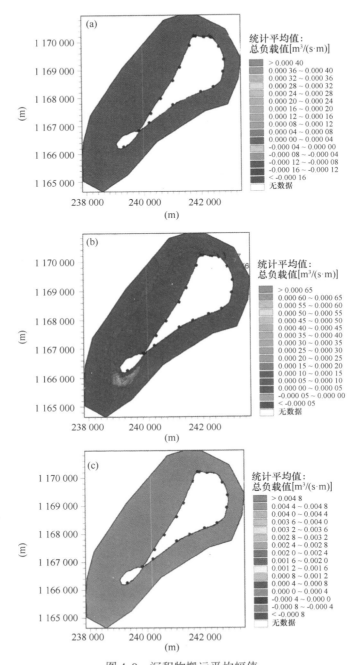

图 4.9　沉积物搬运平均幅值

（a）季风前的 3 月份；（b）季风期间的 7 月份；（c）季风后的 11 月份

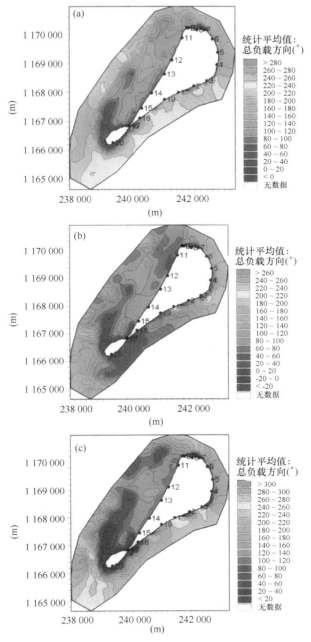

图 4.10　沉积物搬运平均方向

（a）季风前；（b）季风期间；（c）季风后的 11 月份

4.6.5 海底高程变化

可以与沉积物搬运模型的常规输出一起获得如下的结果。三个季节里海底高程变化的平均值示于图 4.11 和图 4.12 中。通过比较可以看出，相对于岛的西岸，岛东岸海底高程变化为负值，这表明，这个地区的侵蚀较为严重。尽管在季风前和季风后季节里冲积量稍为小一些，但岸站 CSK8 前面的海滩永远是一个冲积型海滩。最大冲积出现在季风后季节，而在季风期间冲积最小。出现冲积倾向明显是因为受到 CSK8 测站附近最近形成的一个类似于小岬角的凸起物的影响，这个凸起物起着丁坝的作用，保护着西边的海岸。但是这个凸起物对东北部却起着负面的影响，因为它阻碍了沉积物向另一侧搬运。由于这个原因，东部的沉积物供应量减少，这就是与 CSK5-7 测站相邻的东部地区侵蚀量比较大的主要原因。模拟结果与项目组所做的现场观测结果（表 4.1 和表 4.2）很好地吻合。通过与不同来源的数据进行对比，验证了模拟的结果；这些来源包括海岸线短期和长期变化图和不同季节里拍摄的现场照片（图 4.13、图 4.14 和图 4.15）。

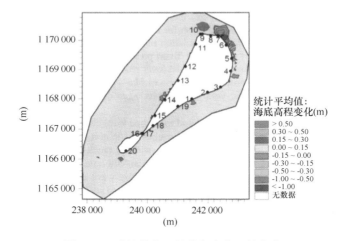

图 4.11　季风前的 3 月份海底高程的变化

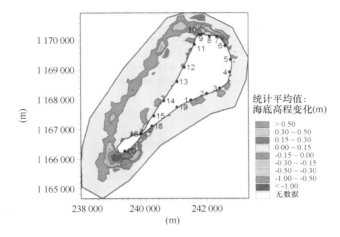

图 4.12 季风季节的 7 月份海底高程的变化

表 4.1 不同季节里海岸线的特性

测站	海滩方位（°）			前滩坡度（°）			海滩状态
	1	2	3	1	2	3	
CSK1	160	160	160	陡峭	5	5.5	侵蚀型，受花岗岩块和两层四脚防波锥块保护
CSK2	165	169	168	7	5	4.5	侵蚀型，受四脚防波锥块保护，季风后为冲积型
CSK3	145	148	148	陡峭	4	3	侵蚀型，受四脚防波锥块保护
CSK4	108	110	110	6	4	4.5	倾向于侵蚀，受四脚防波锥块保护
CSK5	90	98	—	8	5	5	受四脚防波锥块保护的宽阔海滩
CSK6	60	60	65	陡峭	—	4	2 月间为侵蚀型，8 月间为冲积型
CSK7	12	15	12	陡峭	4	3	严重侵蚀型
CSK8	15	15	15	7	4	3	受四脚防波锥块保护，12 月间为冲积型
CSK9	20	18	18	陡峭	4	2	侵蚀型，受四脚防波锥块保护
CSK10	310	321	301	—	4	3	潟湖侧为细砂，向北侵蚀，受花岗岩块保护；向南冲积
CSK11	291	292	293	4	5	6	潟湖一侧为铺满细砂的冲积型海滩
CSK12	305	299	300	4	5	5	潟湖一侧为铺满细砂的冲积型海滩，可见尖尖的端部
CSK13	302	310	310	6	6	6	潟湖一侧为铺满细砂的侵蚀型海滩
CSK14	310	308	308	4	陡峭	6	侵蚀型，受花岗岩块和水泥块保护
CSK15	300	310	308	6	5	5	稳定型，受四脚防波锥块保护

79

测站	海滩方位（°）			前滩坡度（°）			海滩状态
	1	2	3	1	2	3	
CSK16	320	315	318	5	3	6	
CSK17	135	139	140	4	5	5	沙滩，受花岗岩块保护，中颗粒沙和贝壳碎片
CSK18	145	155	149	陡峭	陡峭	3	带卵石的沙滩，2月间受四脚防波锥块和空心砖保护，8月份没有海滩。
CSK19	142	152	148	7	3	4	2月份轻度冲积，受花岗岩块和四脚防波锥块保护
CSK20	158	—	155	陡峭	陡峭	陡峭	全年受大浪作用的侵蚀型海滩

注：1. 季风前；2. 季风季节；3. 季风后。

表4.2 不同季节沿岸环境观测

测站	沿岸海流流速和流向			波高（m）			波向（°）			波周期（s）		
	1	2	3	1	2	3	1	2	3	1	2	3
CSK1	OC	OC	OC	2	1	0.75	150	165	153	14	10	10
CSK2	0.06	OC	0.15	1.5	1	0.75	165	165	168	12	12	10.5
	252	—	240									
CSK3	0.37	0.15	0.17	1.5	1	0.75	155	164	153	12	12	9.5
	250	50	230									
CSK4	OC	0.16	OC	<1	1	1	88	111	113	12	11	9.5
		15										
CSK5	OC	OC	OC	<1	1	1.75	85	85	98	7	12	8
CSK6	OC	0.12	0.14	1.3	1.3	1.8	40	58	68	6	9	7
		160	330									
CSK7	OC	0.15	0.22	1	0.65	1.65	10	25	68	6	9	8
		118	305									
CSK8	0.22	0.09	0.19	<1	0.5	0.4	20	42	53	6	10	8
	280	120	290									
CSK9	0.04	0.2	—	—	0.4	0.25	10	27	48	8	9	—
	290	115	N									
CSK10	0.04	0.37	0.21	—	—	—	350	350				
	220	75	223									

测站	沿岸海流流速和流向			波高（m）			波向（°）			波周期（s）		
	1	2	3	1	2	3	1	2	3	1	2	3
CSK11	0.11	0.12	0.07	—	—	—	—	295	—	—	—	—
	210	210	225									
CSK12	0.11	0.13	0.07	—	—	—	—	300	—	—	—	—
	220	220	210									
CSK13												
CSK14	0.12	0.07	0.15				—	310	—			
	215	45	210									
CSK15	0.09	0.08	0.12				—	315	—			
	220	40	210									
CSK16	OC	0.03	0.08				—	310	—			
		40	220									
CSK17	0.1	0.05	0.17	<1	0.75	0.8	—					
	52	240	225									
CSK18	0.09	0.1	0.11	1.5	1	0.75	153	140	148	14	11	10
	59	60	225									
CSK19	0.14	0.11	0.11	3	1	0.5	165	142	148	15	12	10
	245	70	213									
CSK20	0.11	0.39	OC	<1	1	0.75	195	194	153	11	10	10
	63	N										

注：1. 季风前；2. 季风季节；3. 季风后；OC—波动流；N—北向。

通过仔细检查三个季节里模拟平均海底高程的变化（表 4.3）可以看出，CSK5 测站北面、CSK6 测站前面和 CSK7 测站南面的海滩为侵蚀型，即使在良好的天气里，也没有得到很好的恢复，因此，必须马上加以重视。必须考虑到地形条件和近岸波浪特性，对具体地区采取保护措施。其余地区，如 CSK9、10、17 和 20 测站，可以列入轻度至中度侵蚀的范畴。通过仔细检查海底高程的变化可以清晰地看到，侵蚀是短期内由大的季风波引起的。大多数情况下，这个大浪引起的负面影响在下一个好天气季节里或多或少地得到沉积物的补偿。但是，因为每年波浪空间变化模式不一定都一样，因此，在这些地方可能会有很少的净侵蚀或净冲积。相应地，在这些地区可以采取具体的海岸保护措施，包括硬件

图 4.13 季风前各个测站海滩环境的照片

左上图：CSK7 测站景色，示出朝向北方侵蚀区的冲积区；

右上图：CSK6 测站景色，示出朝北方向的冲积；

左中图：海底高程统计平均值（m），最下面一行：未定义值；

右中图：CSK5 测站景色，示出朝向北方侵蚀区的冲积区；

左下图：CSK14 测站的侵蚀；

右下图：CSK1 测站的侵蚀

图 4.14　季风期间各个测站海滩环境的照片

第一行左图：CSK9 测站的侵蚀

第一行右图：CSK8 附近的冲积海滩

第二行左图：CSK8 测站西面的侵蚀

第二行右图：海底高程变化的统计平均值（m）

第三行左图：CSK6 测站北面的冲积

第三行右图：CSK7 测站的侵蚀

第四行左图：CSK20 测站的侵蚀（向北看的景色）

第四行中图：CSK1 与 2 之间的侵蚀

第四行右图：CSK18 北面海滩的形成

第五行左图：CSK20 测站的侵蚀（向南看的景色）

第五行右图：CSK18 南面的侵蚀

图 4.15　季风后各个测站海滩环境的照片

第一行左图：CSK8 附近的冲积海滩；　　　　　第一行中图：CSK7 南面的侵蚀；

第一行右图：CSK6 北面的冲积；　　　　　　　第二行左图：CSK17 南面的大浪活动；

第二行中图：海底高程变化的统计平均值（m）；　第二行右图：CSK3 北面侵蚀型海岸；

第三行左图：CSK18 北面海滩的形成；　　　　　第三行中图：CSK1 和 2 之间的侵蚀；

第三行右图：侵蚀型海岸的外观；　　　　　　　第四行左图：CSK18 南面的侵蚀；

第四行中图：CSK20 北面的侵蚀（向北看的景色）；　第四行右图：CSK20 的侵蚀（向南看的景色）；

第五行左图：CSK8 西面的侵蚀；　　　　　　　第五行右图：CSK9 的辽阔海滩

84

措施和软件措施。在 CSK11、12、14、15、16 和 CSK18 北面等沿岸测站，观测到边缘侵蚀现象。潟湖一侧海滩的侵蚀倾向主要是因为沉积物很少到达这个地区的缘故。

表 4.3 基于模拟结果各个海岸测站的海滩状况

海岸测站	海滩状态			备注
	季风前	季风期间	季风后	
CSK1	轻度侵蚀	轻度侵蚀	轻度侵蚀	需要保护
CSK2	稳定	稳定	稳定	无需保护
CSK3	稳定	轻度侵蚀	轻度侵蚀	需要保护
CSK4	稳定	稳定	稳定	无需保护
CSK5	北面严重侵蚀	北面轻度侵蚀	北面中度侵蚀	严重侵蚀，需要保护
CSK6	严重侵蚀	北面冲积	严重侵蚀	中度侵蚀，需要保护
CSK7	南面严重侵蚀	严重侵蚀	严重侵蚀	严重侵蚀，需要保护
CSK8	冲积	冲积	冲积	无需保护
CSK9	稳定	轻度侵蚀	中度侵蚀	中度侵蚀，需要保护
CSK10	稳定	轻度侵蚀	轻度侵蚀	可以采取软措施来对付季节性侵蚀
CSK11	稳定	侵蚀	稳定	动态稳定，无需保护
CSK12	冲积	侵蚀	侵蚀	动态稳定，无需保护
CSK13	冲积	侵蚀	冲积	侵蚀，需要保护
CSK14	轻度侵蚀	轻度侵蚀	轻度侵蚀	可以采取软措施来对付轻度侵蚀
CSK15	南面轻度侵蚀	冲积	南面轻度侵蚀	可以采取软措施来对付南面的轻度侵蚀
CSK16	稳定	轻度侵蚀	轻度侵蚀	可以采取软措施来防止季节性侵蚀
CSK17	稳定	南面中度侵蚀		严重侵蚀，需要立刻予以保护
CSK18	中度冲积	北面轻度侵蚀	中度冲积	季节性侵蚀，软保护措施已足够
CSK19	稳定	稳定	稳定	无需保护
CSK20	稳定	侵蚀	侵蚀	需要保护

4.6.6 人为活动的影响

这个地区北面的两个码头（正在运营的）和一个旧码头（废弃的）肯定影响了沉积物向南面搬运，这一点从国家地球科学研究中心项目组所做的现场观测中可以很明显地看出。

4.6.7　海岸保护措施

数字模拟研究的结果明确地表明，在很多地方观测到的侵蚀现象与短期的季风波浪活动有关。大多数情况下，大浪作用的负面影响或多或少地为下一个好天气季节等量沉积物所补偿。但是，因为每年波浪空间变化模式不一定都一样，因此，在这些地方可能会有很少的净侵蚀或净冲积，在这些地区，需要采用软海岸保护措施。在海岸测站 CSK11、12、14、15、16 附近和 CSK18 北面可以看到边缘性侵蚀。潟湖沿岸海滩的侵蚀倾向主要是由于沉积物很少搬运到这个地方的缘故。对于这个地方的补救措施是可以考虑让泥沙通过另一路径到达码头的南面或者布放土工管袋。土工管袋可以沿海岸布放或者布放在水下十分靠近海岸线的地方，以防止海岸线进一步后退。因为这个区域不是十分关键，可以考虑采用廉价但具有最佳性能的措施。

4.6.8　岛屿北部礁盘的加固

除了上述工作之外，在 DST、UTL 等单位的要求下，还进行了单独的数字模拟研究，以便了解现有北部礁盘加固的可能性。利用丹麦水力研究所的 LITPACK 模型进行海岸线短期和长期变化的研究，根据模拟结果可以得出结论，加固礁盘可以稳定沿岸测站 CSK8 和 CSK9 前面的海滩。但是，有证据表明，如果对海岸采取建议的保护措施，沿岸 CSK8 测站东部（即靠近 CSK7 测站的地方）将受到严重的侵蚀。这个问题可以通过使沉积物经过另一路径迁移到建议的建筑物两侧的方法得到解决。CSK9 和 CSK10 测站还有受季节性侵蚀的征兆仔细分析模拟结果之后指出，受侵蚀的主要原因是这些测站直接暴露在测站附近的主入口通道，同时沉积物很少搬运到这个海岸，因为潟湖一侧的码头阻碍了沉积物的迁移。采取适当的补救措施，使沉积物能够自由搬运将是一个能够改善条件且对环境有利的软措施。另一个可供选择的方法是将主入口航道疏浚出来的淤泥用人工方法回填到这个地区，主入口航道需要经常疏浚，以保证航行需要的深度。

4.7　总结

采用丹麦水力研究所研发的 MIKE21 软件对卡瓦拉蒂岛的波候和海

岸过程进行了数字模拟研究。本章介绍了建模的特点和模拟的结果。数字模拟的结果明确地表明，在很多地方出现的侵蚀现象与大浪作用和人为活动有关。根据研究的结果，指出了关键的地方，提出了保护这些地方的建议。

参考文献

[1] Prakash TN, Suchindan GK (1994) Coastal erosion studies in the Lakshadweep Islands. In: Proceedings of Indian National conference on harbour and ocean engineering, Pune, pp D31-D41

[2] Prakash TN, Shahul Hameed TS, Suchindan GK (2001) Shoreline dynamics of selected islands of Lakshadweep archipelago in relation to wave diffraction. Geol Sury Ind Spec Publ 6: 201-209

[3] Prakash TN, Shahul Hameed TS (2004) Site inspection report (Cyclone 2004) in Lakshadweep Islands. Department of Science and Technology, UT Lakshadweep

[4] DHI Manual (2004) Danish hydraulic Institute user manual and reference guide for MIKE21 and LITPACK modules

[5] Komen GJ, Cavaleri L, Donelan M, Hasselmann K, Hasselmann S, Janssen PAEM (1994) Dynamics and modelling of ocean waves. Cambridge University Press, Cambridge

[6] Young IR (1999) Wind generated ocean waves. In: Battacharyya R, McCormick ME (eds) Ocean engineering book series. Elsevier, Amsterdam

[7] Baba M, Shahul Hameed TS, Kurian NP, Subhashchandran KS (1992) Wave power of Lakshadweep Islands. Final report submitted to Department of Ocean Development, Government of India, Centre for Earth Science Studies, Trivandrum

第5章
能　源

　　摘　要　拉克沙岛的电气化始于第二个五年计划
（1956—1961 年），所有有人居住的岛屿都在第六个五年计划
（1980—1985 年）末期实现电气化。主要能源是柴油机发电，
柴油从大陆大量运来，存储在油桶里，发电价格比大陆高得
多。非常规能源，如太阳能、生物能和风能可能是岛上的替代
能源。由于岛屿的地理位置，除了季风雨季之外，全年都拥有
太阳能。在季风雨季里，波浪能和风能最大，可以作为替代能
源。拉卡沙岛的波浪能比大陆大40%，对波浪能的经济性研究
表明，波浪发电的价格与燃油从大陆运来的电价差不多，可为
拉克沙岛推荐一种多能源发电系统。

　　关键词　非常规能源　波浪和风力发电的潜力　多能源
发电

5.1　概述

　　拉克沙岛的电气化始于第二个五年计划（1956—1961 年）。拉克沙
岛群中的米尼科伊岛是第一个电气化的岛屿（1962 年），然后是卡瓦拉
蒂岛（1964 年）[1]。随后，所有有人居住的岛屿在第六个五年计划
（1980—1985 年）末期也都实现了电气化。几乎所有岛屿的主要能源是
柴油机发电，使用独立的发电设备，岛上没有任何联网。在 1962—
1982 年间，除了卡瓦卡蒂岛从 1964 年之后有 24 小时供电外，其余所有
岛屿仅有 6 小时供电。1983 年，实现全天供电。拉克沙岛有关发电、
输电、配电业务均由拉克沙岛电业局管理，该电业局总部设在卡瓦拉蒂

岛上。最大用电量约为 8.33 MW，包括家用和商用。表 5.1 列出 2007—2012 年间 11 个岛屿（10 个有人居住的岛屿和旅游中心）的最大用电量。

表 5.1　近五年（2007—2012 年）各个岛屿的最大用电量　　单位：kW

序号	岛屿	2007—2008 年	2008—2009 年	2009—2010 年	2010—1011 年	2011—2012 年
1	米尼科伊岛	955	1 037	1 107	1 175	1 200
2	卡瓦拉蒂岛	1 320	1 452	1 548	1 649	1 750
3	阿米尼岛	665	710	748	788	1 750
4	安德萨斯岛	925	994	1 082	1 144	1 100
5	格尔贝尼岛	498	538	563	591	650
6	阿格蒂岛	650	695	740	788	850
7	喀德马岛	598	632	670	710	950
8	契珥单岛	329	360	375	390	500
9	切特拉特岛	255	265	280	295	400
10	比蒂岛	42	44	50	64	60
11	班加拉姆岛	45	45	70	72	20
	总用电量	6 282	6 772	7 233	7 656	8 330

5.2　发电现状

目前拉克沙岛的用电需求由柴油发电和太阳能供电予以保证（图 5.1 和图 5.2）。柴油机发电量为 9.97 MW，太阳能供电为 0.76 MW。同时还开发了其他电源，如风能、生物能等。各个岛屿的柴油机发电能力列于表 5.2 中。岛屿太小、太远、用常规方法无法在当地获得资源等现实是影响基础设施建设步伐的因素。关于这个问题，必须扩大发电能力，使每个岛屿都能够自给自足，这肯定会为经济发展铺平道路。那些远离最近大陆（科钦、卡利卡特、芒格洛尔，取决于岛屿的位置）的岛屿当前发电价格远高于印度其他各邦，这主要是因为用于发电的燃料、润滑剂和其他物品需要从大陆运到各个岛屿。正常情况下，多余的燃油存储在各个岛上，以保证不间断地供电，特别是在恶劣天气时，

89

根本不能利用海运。燃油通常存在 200 升的油桶里，因此需要有足够的空间用于燃油的存储，这也成为限制现有柴油发电厂进一步扩大的原因。处理危险燃料的风险也很大，因为一旦出现类似火灾或漏油的灾祸，拥有珊瑚和其他稀有动植物种群的脆弱生态系统将受到很坏的影响。

图 5.1　卡瓦拉蒂岛上的柴油发电站

图 5.2　投入电网的太阳能发电厂

表 5.2　各个岛屿的柴油发电量

序号	岛屿名称	装机容量（kW）
1	米尼科伊岛	2 800
2	卡瓦拉蒂岛	3 200
3	阿米尼岛	1 900
4	安德萨斯岛	3 250
5	格尔贝尼岛	1 250
6	阿格蒂岛	2 350
7	喀德马岛	2 400
8	契珥单岛	1 000
9	切特拉特岛	500
10	比蒂岛	120
11	班加拉姆岛	120
总计		18 890

　　柴油发电相对较高的发电成本和对脆弱生态系统的潜在危险促使拉克沙岛当局考虑其他替代能源，例如非常规能源和可再生能源。开始在实验的基础上尝试了非常规能源，例如太阳能、生物能和风能。在小规模试验的基础上，进行了系统的更新。在尝试的各种替代方法中，太阳能获得了相当好的结果，并且在一些小岛上成功地被采用，在一定程度上解决日常用电需求。表 5.3 示出拉克沙岛上太阳能发电厂的装机容量。直至 2000 年，安装的太阳能电厂都是单机运行，后来，很多旧发电厂增大容量，并与现有的柴油发电厂并网，以满足更大的需求，并确保不间断供电。大电厂需要有更大的安装场地，而得到所需场地对拉克沙岛来说比较困难，因为土地锐减。在延续 2~3 个月的季风季节（6—8 月）里不能获得连续的太阳能也是一个缺陷，不能把它当成是可持续发展的常年能源。因此，必须考虑其他可再生的清洁能源，例如风能和波浪能。

表 5.3　太阳能光伏发电厂装机容量

序号	岛屿	投入使用日期	容量（kWp）
1	契珥单岛	2000-03-02	100
2	米尼科伊岛	2000-11-27	100
3	阿格蒂岛	2002-02-02	100

序号	岛屿	投入使用日期	容量（kWp）
4	喀德马岛	2002-03-08	150
5	安德萨斯岛	2002-03-31	100
6	卡瓦拉蒂岛	2002-04-26	100
7	比蒂岛	2004-01-20	50
8	喀德马岛	2004-05-22	100
9	苏赫里岛	2005-05-02	15
10	班加拉姆岛	2005-06-09	50
11	切特拉特岛	2009-03-02	100
12	阿米尼	2009-05-09	100
总装机容量（2009年9月1日数据）			1 065*

*原文为106，应该是1065。——译者注

5.3 发电的经济性

拉克沙群岛2013—2014年度估计的用电量约为50MU[1]，对岛上耗电量的研究表明，每年用电量增加近9%~10%。目前发电成本约为30卢比/（kW·h），其中20卢比/（kW·h）是燃油和润滑油的成本，这当然比大陆常规发电的成本［4卢比/（kW·h）］高得多。除了税收之外，政府公共服务部门为用电提供4卢比/（kW·h）的高额补贴，这对于拉克沙岛电力部门来说是一个沉重的负担。

燃油/润滑油从大陆运来的运费占据总成本的可观分量，发电用的燃油从喀拉拉邦的卡利卡特运到各个岛屿，并存储在油桶里。官方估计每年大约要购买660万升油料。由于土地面积较小，人口密度较大，存储大量危险油料是很危险的，因为在溢油的情况下它可能导致严重灾难，例如火灾、污染地下水、土壤等。用驳船运输大量油料同样对海洋动植物种群，特别是周围海域的珊瑚产生巨大的威胁。珊瑚是拉克沙岛的丰富生物资源，是经济上很有价值的生态系统，但是由于各种原因，它已经开始衰竭。柴油发电机连续运行所造成的噪音和空气污染是另一个值得关注的问题。考虑到一定会给所有岛屿的脆弱环境带来影响的所有负面因素，急迫地需要寻找技术上和经济上可行的且对环境影响较小的清洁可再生替代能源。在这个背景下，值得考虑可再生能源技术，诸

如波浪能、太阳能、风能、生物能等。在这些技术中，太阳能发电是在岛上小规模试验过和采用过的技术。但是安装太阳能电池板所需的场地确是一个限制因素，因为岛屿面积很小；此外，作为岛民主要经济来源的成千上万高耸的椰子树的存在也是一个问题。也曾经试验过其他可再生能源，诸如风能和生物能。但是，风机的性能不令人满意，因为风力不足以产生足够的能量，除非是在季风季节，或者是出现偶发事件，例如风暴。所有岛屿上生长的高高的椰子树也是一个值得关心的问题，因为建在陆地上的风机高度必须不小于 25 m，以便不受干扰地获得风能。增大风机的设计高度在技术上不是总能做到，因为为了把建筑物的负载安全地传递到硬地层加以固定，岛上建筑物地基必须有一定的最大深度，但是这个深度在岛上是受到限制的。正因为这些因素，波浪能看来是一种更好的选择，因为它是清洁的、环保的技术，它在全年里都可以获得。另一个利用这种清洁能源的优点是，它无需占用场地，也没有存储燃油的危险，对脆弱的生态环境影响也很小，没有火灾的危险，没有噪音、空气和水污染。

至于经济方面，发电的单位成本与目前主要依靠柴油发电的成本不相上下，因为全部柴油和润滑油都需要从大陆运来。

5.4　波浪能的潜力

波浪发电可以定义为海洋表面波浪能量的传输。具体来说，它是波峰单位长度在垂直于来波方向上传输的能量。每米波峰长度的波浪能量（kW）可以用下列关系式计算[2]：

$$P（kW/m） = 0.55H_s^2 T_z$$

式中，H_s 为有效波高（m），T_z 为跨零周期（s）。

地球科学研究中心（见第二章）的研究显示，拉克沙海具有波浪发电的潜力[3]，拉克沙海波能的月份分布示于图 5.3 中。在季风月份里，拉克沙海的波能增大，6 月到 8 月，出现更大的波浪能。6 月份，一半分布范围为 20～35 kW/m；7 月份，分布范围为 30～45 kW/m；8 月份，3/4 的波能分布在 10～35 kW/m 的范围内；11 月至翌年 3 月间最经常出现的波浪能分布在最低范围 0～5 kW/m；1 月份和 2 月份是最平静时段，所有波能都分布在 0～5 kW/m 范围内。

波浪能的月份平均值示于图 5.4 中。6—8 月份波浪能平均值为

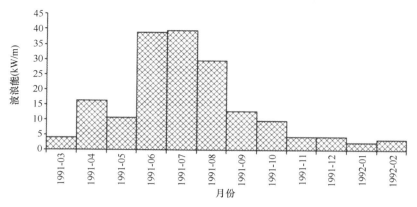

图 5.3 波浪能的月份分布图

资料来源：国家地球科学研究中心波浪浮标

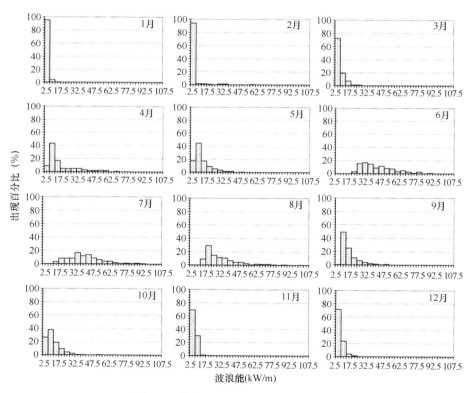

图 5.4 拉克沙海波浪能的月份平均值

资料来源：国家地球科学研究中心波浪浮标

28~40 kW/m，其余月份的范围为 2.6~16.2 kW/m，4—9 月份期间，波浪能月份平均值大于 10 kW/m，11 月至翌年 2 月份平均波浪能最小（<5 kW/m）。拉克沙海波浪能的年度平均值为 13.9 kW/m，它比大陆沿岸拥有最大潜在波浪能的地方还要大约 27%[3—6]。6 月和 7 月，大陆沿岸波浪能的最大平均值为 25 kW/m，；拉克沙海的波浪能（34.9 kW/m）比这个平均值还要大 40%，而且它在 6—8 月间还保持着这样的波能。国家海洋研究所投放在卡瓦拉蒂岛西北方约 25 km、水深 1 800 m 处的波浪骑士浮标（DS2）记录的外海波浪特性也显示类似的趋势。

5.5 风能的潜力

拉克沙岛上至今尚未开发的可再生能源是风能。由于岛屿较小，吹向海岸的风速成为风的特征，正如太阳辐射一样，所有海岛的风几乎都具有同样的特征。阿格蒂岛上的月份平均风速列于表 5.4 中，表中还列出太阳辐射值。在季风月份里，风速较大，约为 8.4~8.9 m/s，除了 9 月份平均风速为 5.9 m/s 外，其余季节风速较小，为 3.1~4.3 m/s。

表 5.4　阿格蒂岛上太阳辐射和风速的月份平均值

月份	太阳辐射 [kW·h/（m² · d）]	平均风速（m/s）
1	5.127	3.4
2	5.765	3.7
3	6.270	3.2
4	6.043	3.9
5	4.984	4.3
6	3.926	8.9
7	3.779	8.9
8	4.268	8.4
9	4.946	5.9
10	4.682	3.7
11	4.727	3.4
12	4.672	3.1
平均	4.932	5.1

为了进行对比，表5.5列出太阳辐射和风速的月份平均值。可以看出，太阳辐射的趋势与风速的趋势正好相反，太阳辐射增大，风速降低或相反。6—7月份风速最大，而在同一时期内，太阳辐射最小。除了1月份之外，全年都可以看到这种相反的趋势。这一点表明，可以将这两种能源结合起来进行发电（太阳能-风能混合发电机），以便与其他能源一起，获得或多或少稳定的供电。

5.6 可再生能源的优点

采用这种可再生能源的主要优点是其为清洁能源，可以布设在外海，涉及的危险性较小。波浪和风力发电厂可以很方便地安装在靠近海岸的地方，因为所有有人居住的海岛近岸地区的斜坡都不陡[3]。为了降低成本，可以把这些发电装置与其他主要项目，诸如海水淡化装置、码头、港口等组合起来（见图5.5）。由于离岸距离可以大为缩小，这些构筑物（如平台、漂浮装置的锚系系统）的成本可以大幅度降低，输电成本也可以降低。目前，3个有人居住的海岛（卡瓦拉蒂岛、阿格蒂岛和米尼科伊岛）上已经在岛的东部建立了海水淡化装置，其生产力为$10×10^4$ L［图5.6(a)~(c)］。所有这些装置的进水口位于水下7 m处，要求24小时供电，以保证这些装置的连续运行。目前，这些装置

图5.5 一个多能源（风能-太阳能-波能）发电系统

资料来源：http://www.finavera.com

图 5.6　国家海洋研究所安装的海水淡化厂

（a）卡瓦拉蒂岛；（b）阿格蒂岛；（c）米尼科伊岛

全部靠柴油发电机供电，这肯定增大了饮用水生产的成本。如果在这些地方采用波浪/风/太阳能发电，用电成本必定大大降低。其他选择，比如把波浪能、太阳能和风能结合起来的混合可再生能源发电厂，配上海水淡化设施，将会带来很大的好处。

5.7　总结

6—8 月份间波浪能最大，其范围为 11~110 kW/m，其余月份为 70 kW/m。6 月份波浪能分布峰值为 20~25 kW/m，7 月份为 30~35 kW/m，8 月份为 15~20 kW/m。拉克沙海波浪能潜力比大陆拥有最大波浪能潜力的地方大 27%，就波浪能实用性而言，拉克沙海波浪发电的潜力大于大陆沿岸。

波浪能作为一种可再生的清洁能源，在技术上和经济上都可以在拉克沙群岛上被用作替代能源。波浪能经济性的初步研究表明，波浪发电的成本与现有柴油机的发电成本差不多，因为目前柴油发电的燃油必须从大陆运来。尽管也采用其他可再生能源，比如风能和太阳能，但是，还存在着一些极限性，因为在季风季节里太阳能减小；在相对平静的季节里，风速低于 2.8 m/s，风机发电能力下降。即使如此，对于拉克沙群岛遥远的岛屿来说，独立的波浪发电厂仍然在经济上可行，因为这是当地仅有的四季不断的能源。海岛东部陡峭的近岸地区是一个额外的好处，因为可以把波浪发电厂建立在离岸很近的深水区，从而大大地降低输电成本。

参考文献

[1]　Basic Statistics （2007） Draft eleventh five year plan 2007 - 2012. Planning and Statistics Department，Secretariat，UT Lakshadweep

[2]　 Shaw R （1992） Wave energy—A design challenge. Ellis Horwood Publishers，New York

[3]　Baba M，Shahul Hameed TS，Kurian NP，Subhaschandran KS （1992） Wave power of Lakshadweep Islands. Report submitted to Department of Ocean Development，Government of India，Centre for Earth Science Studies，Trivandrum

[4]　Baba M，Thomas KV，Shahul Hameed TS，Kurian NP，Rachel CE，Abraham S，Ramesh Kumar M （1987） Wave climate and power off Trivandrum. Project report on

sea trial of a 150 kW wave energy device off Trivandrum coast. IIT, Madras on behalf of Department of Ocean Development, Government of India

[5]   Shahul Hameed TS, Kurian NP, Baba M (1994) Wave climate and power off Kavaratti, Lakshadweep. In: Proceedings of Indian national dock, harbour and ocean engineering conference, CWPRS, Pune, pp A63−A72

[6]   Baba M, Shahul Hameed TS, Kurian NP (2001) Wave climate and wave power potential of Lakshadweep Islands. Geol Surv India Spec Publ 56: 211−219

第 6 章
拉克沙岛海岸带综合管理计划

摘　要　拉克沙岛承受着各种来自生态、经济和自然等方面的威胁，海岸带综合管理（ICZM）是跟踪不同问题和利用可持续发展方式管理资源必不可少的工具。在执行印度政府环境和森林部（MoEF）1991 年制定的沿海管制区法令时，这些计划变得尤为重要。海岸带综合管理计划以现有的资源和存在的问题为依据，通过高分辨率卫星图片支持的现场测绘结果为拉克沙岛制定的。利用地理信息系统对数据进行综合和分析，根据利益相关者的看法和环境影响评估（EIA）的研究，确定每个岛屿上开展各种发展活动的地方。本章还讨论了解决海岛面临的主要问题的管理方案。

关键词　海岸带综合管理（ICZM）　资源　灾害　沿海管制区　可持续使用　拉克沙群岛

6.1　概述

世界上很多国家都在致力于实现海岸带综合管理，以便对资源及其大量利用和固有的危险性进行管理，同时减少自然灾害。海岸带综合管理是一个连续和动态的过程，在这个过程中做出有关沿岸、海洋和资源的可持续利用、发展和保护的决定，必须确保政府所有部门和所有级别所做的决定符合国家的政策[1]。这个概念在国家[2]很多沿岸地带都已经实现，包括拉克沙群岛[3]。

虽然海岛在人们的想象中被认为是"天堂"，但它们令人赞叹的潟湖和珊瑚礁承受着越来越大的压力。由于岛上人口增多，居民努力争取提高生活水平，存在着干扰脆弱的生态系统的趋势，而这个生态系统是海岛最有价值的财富。有时还出现过度开发自然资源和污染环境的趋势。另一个问题是全球气候变化导致的海平面升高，它很可能破坏沿岸地带，甚至淹没掉一些地势较低的岛屿，这肯定影响到海岛的经济，对渔业、旅游业、珊瑚礁、淡水资源等带来负面影响。岛屿同时也为全球生物多样性做出重要贡献，因为潟湖和珊瑚礁是很多稀有种群的栖息地。但是有迹象表明，这些环境敏感的栖息地承受着不断增大的压力，它对动植物种群产生不利的影响，对于本地濒临灭绝的物种来说，它可能造成无可挽回的损失。岛屿的海岸带管理计划目的是维持岛屿生态系统功能的完整性，减少在海岛或其周围地区开发活动中产生的资源或各种问题的矛盾，并为了海岛的可持续发展，最大限度地减少对珊瑚生态系统的破坏。

6.2 拉克沙岛海岸带管理

海岸带管理计划的一部分工作是针对具体地区的海岸过程、海岸线变化和自然灾害的影响进行科学观测，以便制订合适的管理计划，必要时还要进行干预。特里凡得琅国家地球科学研究所是大量采集拉克沙岛近岸波浪、海岸形态、沉积物搬运和海岸线变化现场数据的研究所中的一员，这些数据被用作海岸带管理计划的基础数据。

6.2.1 现有的管理规范

印度控制沿海岛屿土地使用的唯一法律文件是印度政府 1991 年颁布的环境保护法[4]沿海管制区（CRZ）法令。后来，将这个文件修改为大陆沿海管制区[5]和海岛岛屿保护区法令[6]。上述法令的主要目的是保护人民和财产免受沿岸灾害的损害，防止沿岸生态系统恶化。根据沿海管制区法令，为拉克沙岛制订了海岸带管理计划（CZMP）。根据海岛岛屿保护区法令[6]中的指导原则，采用沿海管制区[5]的概念和原则，制订了海岛的综合管理计划（IIMP）。

6.2.2 当地计划

由于缺乏当地社区的支持和承诺，由上而下制定的规划经常不能执行，执行机构经常失效。相反，三级潘查亚特制度（见第一章）的管理和计划已经在国家活动中扎根，它鼓励当地社区以利益相关者的身份参与管理。经选举产生的海岛潘查亚特委员会在执行海岛海岸带管理计划推荐的计划时起着积极的作用。

6.2.3　海岸带管理计划（CZMP）

作为法令的统一体，拉克沙岛联邦属地制订了海岸带管理计划（CZMP），划分高潮线、低潮线和沿海管制区的范围[8]。在制订海岸带管理计划时，地球科学研究中心推荐了一种根据现场地理特征确定高潮线的新方法，简化了高潮线的划分工作。虽然为海岛制定的海岸带管理计划区分了不同的沿海管制区范围（CRZI 至 CRZIV），包含生态敏感区、发展区、农村区和水域等，但它仍然存在着没有涉及各类环境问题和发展问题的缺点。这些问题在 2003—2005 年间为拉克沙岛海岸带制订的海岸带综合管理计划（ICZMP）已有所涉及。

6.3　制订海岸带综合管理计划的方法

海岸带综合管理计划是以现有的资源和存在的问题为依据而制订的。土地利用和资产信息是制订具体地区管理计划所需的基本输入信息。对于拉克沙岛来说，作为主要生态系统的珊瑚是基本的输入信息，而补充信息则有岛上各种物理-环境特征的时空数据。海岸带综合管理计划的制订分为两个阶段，第一阶段是准备好环境保护地图，其目的在于恰当地分配需要保护和发展的区域；第二阶段是根据环境的主要生态系统和过程的状态准备好环境评估图。这就构成制订干预计划和确保优质环境策略的基本文件。环境保护地图和环境评估图与其他海岛的物理-环境特征一起由 ARC-GIS 系统进行综合。根据利益相关者的意见和环境影响评估研究（作为拉克沙岛第十个计划文件列出的发展规划的一部分）的结果，确定了海岛从事各种活动的指定地区，包括居住、发展、旅游、渔业、海岸保护、倾废等。

6.4　岛屿物理-环境特征（资源）

为了制订海岸带综合管理计划，绘制了 1∶4 000 的地图，该地图反映了各种物理-环境特征的时空数据，诸如土地利用、地形、资产、海滩、潮间带滩涂、潟湖水域、建设用地等。资产包括政府建筑、医院、宾馆、学校、住宅、水产集结中心、码头、海岸保护建筑物等。农业和渔业是岛屿的主要资源。收集了社会-经济数据，以便显示岛上人民的财务状况。此外，还采集相对于平均海平面的岛屿高程，以便了解岛屿的微地貌特征。

6.5 岛屿存在的问题

大多数岛屿面临很多问题，它们按其重要性进行排列，需要马上进行管理干预的问题如下。

6.5.1 海岸侵蚀与海滨保护

海岸侵蚀是海岛每年都要面临的严重问题，对于一个面积仅为 32 km^2、地面仅高出海平面 0.5~6 m 的小岛来说，哪怕侵蚀掉一小部分土地也会带来严重地损失。报告称，由于全球气候变化，下个世纪海平面预计可能升高 1 m，这可能导致泛滥、土地侵蚀，甚至某些地势低洼的海岛将会沉入海底，气旋过境而引起的风暴/严重低气压可能对岛屿海岸产生严重的损失。2004 年 5 月拉克沙群岛上由气旋风暴[9]引起的空前水灾和某些岛屿上的侵蚀是毁灭性的。相对于其他地势较低的热带岛屿来说，珊瑚岛有其额外的优势，因为当大浪涌来时，位于水下 8~10 m 的裙礁起着第一道防线的作用。这些岛屿是环形珊瑚岛，一般来说，在开阔海域方向受到环绕海岛的活珊瑚的保护，如果海平面不会以惊人的速度升高，同时珊瑚不会死亡而是与海平面升高速度同步长高，这些海岛将在一定程度上得到保护。在第七个五年计划（1986—1990 年）期间，拉克沙岛出现了大规模的活动，如建设码头、开发海港和港口、拓宽入口航道等，这些开发活动的结果使很多岛屿的海岸带受到很坏的影响。挖掉珊瑚礁边缘被认为是拓宽入口航道必不可少的手段，但是它和其他与港口开发有关的建筑工程一道最终影响到海岸线的稳定性，如果没有这些活动，这些海岸线本来是稳定的。用人造礁盘替换被挖掉的礁盘是恢复海岸稳定的一个管理选项。第三章给出有人居住的岛屿海岸线长期变化的数据。表 6.1 给出了海岸保护实施方案的分析。

表 6.1　海岸侵蚀的实施方案和管理选项

情况	管理选项	可行性应考虑的因素
很多地区已经用四脚防波锥块和廉价结构物予以保护	继续采用廉价海岸保护和维护措施	很多负面影响——海滩消失，影响旅游业和岸基渔业
	撤退或迁移到安全地方	不可能撤退，因为土地太少；可以考虑迁徙
	海滩回填	设计海滩宽度，利用疏浚出来的沙子，确定潟湖湖底的沙源
廉价海岸保护结构物使前海滩消失，破坏旅游业和渔业	丁坝	需要仔细设计，因为背风面的侵蚀产生副作用；在丁坝的一侧或在两个丁坝之间能够帮助生成海滩
	人造礁盘（外海）	优选礁盘结构地区，研发能够引起海滩生成的合适礁盘设计，这将帮助生成海滩和为旅游业提供休闲场所

在制订海岸带综合管理计划之前和执行该计划之后都必须进行海岸带的连续监测，因为它提供海岸系统如何因为自然的和人为的活动而变化的信息。这些信息也用于做出不同级别的管理决定。

6.5.2　淡水管理

获得饮用水是一个严重的问题，由于地下水源有限，必须马上采取管理干预措施。根据地下水资源和需求量，卡瓦拉蒂岛、米尼科伊岛、阿格蒂岛和阿米尼岛被认定为缺水区，切特拉特岛和格尔贝尼岛也将在不久的将来被认定为缺水区。考虑到上述情况，需要采取有效的水源管理实践，诸如水的循环利用、雨水贮存、在居民中提高用水认识等，以便保护岛上稀缺的水资源。已经采取了一些恰当的管理措施，例如促进强制性贮存雨水、限制地下水的汲取等。采用低温热法海水淡化原理进行海水淡化是增加海岛淡水供应的一个途径。

6.5.3　珊瑚礁/红树林保护

潟湖和珊瑚是自然界最为独特的元素，潟湖在生态上是很重要的，因为它容纳了大量的物种，它为幼小种群提供必要的营养和繁殖地。潟湖最可能的污染源是陆地上的活动，港口开发所需的疏浚活动也影响了潟湖的海水循环。必须控制通过挖深潟湖来创建人工航道和海港的活动。作为管理选项，建议建立高于高潮线的缓冲区，以便控制海岛排污和排涝的影响，防止海岛土壤流失。如果潟湖沿岸的开发计划不周，将带来短期的和长期的经济损失。

有科学资料表明，如果按现在的速度继续进行破坏，那么 20 至 40 年内世界上 70% 以上的珊瑚礁将被毁掉。目前各个研究单位所进行的有关珊瑚礁的研究活动都是零星的、孤立的，因为缺乏实体设施。另一个保护小海岛周围珊瑚礁的有效方法是设立海洋自然保护区和避难所。这个模型主要是鼓励岛上居民对他们的渔业和珊瑚礁资源负责。自然保护区模型为海岛周围的珊瑚礁和渔业提供有限的保护，但对于珊瑚礁覆盖面积超过 20% 的地区[10]，制止进行所有开发和破坏活动。这种设立自然保护区和避难所方法为海岛本地渔民提供了实惠，因为珊瑚礁得到维护和保护之后，渔场得以扩大或稳定。资源管理必须通过海岛本地居民去保护他们自己的海洋资源。总之，海岛上的海岸资源管理不单纯是一个环境考虑或强制执法的问题。依赖社区的做法涉及直接依靠资源的人们，这种做法比起单纯依靠严格的规章机制的效果更好。把社区、环境观测和法律途径以适合岛屿具体情况的方式结合起来，将产生更好的结果。小船推进器在浅水区的搅拌作用使沉积物再次悬浮，岛上部分珊瑚死亡的原因可以归咎于沉积物再悬浮所造成的窒息效应。一个建议是在浅水交通中，推广类似于沼泽车的风力驱动船的应用。

6.5.4 渔业资源开发与加大捕捞

金枪鱼捕捞是岛上主要的商业捕鱼活动。在好天气情况下，渔民甚至搬到无人居住的海岛上，因为那里被认为是盛产金枪鱼的地方，目前 25% 以上的产量出自无人居住的海岛。本地几十年前就已存在的传统鱼竿钓鱼法仍然用于金枪鱼的捕捞。尽管世界上已有很先进有效的技术，但很难在捕鱼方法上有所改进。活鱼饵的贮存是渔民感到头疼的问题，而这可能是加强金枪鱼捕捞业的主要障碍。岛上恰当的冷藏设备是另一个值得关注的问题，这迫使渔民用多余的鱼制造增值产品，例如一种叫做"马斯林"的熏鱼或干鱼片。鲨鱼的增值产品有鲨鱼鱼鳍的加工品和鱼肝提炼品鱼油等，它们具有巨大的潜力，但还没有加以利用。尽管广阔的潟湖为各种物种（包括珍珠贝）提供良好的生存空间，但水产养殖至今还没有得到广泛的应用。虽然管理部门已经开始引入观赏鱼文化，但还有进一步发展的空间。

没有合适的贮存设备和缺乏国内市场是渔业资源没有得到充分利用的主要原因。任何旨在改善拉克沙岛经济和就业机会的发展计划必须紧紧地与渔业联系在一起，因为它是国家收入的主要来源。在这个问题上，执行各种以未开发渔业资源、包括金枪鱼和其他资源为目标的可行计划应该摆在首要位置上。同时，建设与产品相适应的贮存、保藏和运输的基础设施是拉克沙岛渔业部门长期发展所必需的。与渔业部门有关的执行计划和管理选项列于表6.2中。

表 6.2　渔业部门的实施方案和管理选项

情况	管理选项	可行性应考虑的因素
渔业作为主业	继续目前状态	不会给经济带来任何可观的改善
	改进并提供更好的基础设施	会有进一步的改善和扩大就业机会
多样化	水产养殖和鱼类增值加工	发展增值鱼类产品，包括开发珍珠贝和观赏鱼产业

6.5.5　污水与固态废物的处理

污水与固态废物的处理是海岛面临的主要问题。人口和相关活动增多给海岛生态系统施加了巨大的压力。岛上居民产生大量的污水废物（50 000~120 000 L/d），它们排入化粪池或污水坑，后者过滤有机物和病原细菌，然后排入比较浅的淡水渗透层。为了满足日常淡水需求，有人居住的海岛大多依靠地下水，地下水是在平衡状态下海水上面漂浮着的薄薄渗透层。由于土壤的多孔性、含水层比较浅、距污水坑/化粪池太近等原因，这些地下水经常受到细菌的污染，这对人类的健康是一个主要的威胁。

富含营养的污水使潟湖里的海水富营养化，使海草疯长，消耗掉溶解氧，影响了珊瑚和其他有机物的生长。此外，带病原细菌的污水会污染海水，使它不适于水上运动和休闲活动。随着污水的大量增加，可以预料，到2025年污水量将增加一倍。如果没有恰当的污水处理系统，淡水渗透层将被污染。海岛管理部门已经了解到这个危险，已经采取了正确的发展措施（例如引进生物厕所）缓和这个问题。

另一个需要予以关注的重要环境问题是不能用生物降解的固态废

物，在这个问题上，岛上没有有机废物处理系统，由于这个原因，类似塑料、聚乙烯、玻璃材料等固态废物在岛上积累下来，逐步倾入邻近水域，对潟湖生态系统造成严重的威胁。目前已经采用了一种收集和处理非生物降解固态废物的简单系统，但它还不是很有成效。通过这个计划，将废物收集和贮存在专门的垃圾收集站，然后运到大陆，进一步进行处理或用于铺路等。

采用堆肥处理系统来处理生物废物，这个系统已经分阶段实施。最好的处理方法是通过有氧坑堆肥过程将可生物降解的废物转化为生物肥料。

6.5.6 旅游

拉克沙群岛有着美丽的白沙滩、晶莹透彻的潟湖海水、丰富的珊瑚资源和周围碧绿色的深水，它是国内外旅游者的重要旅游目的地，也是收入的来源之一。但是由于它已被列为资源有限的生态敏感区，管理部门为了保护和保存原始的自然生态系统，设置了一定的限制措施。旅游者在访问之前必须获得在岛上停留的许可证，在喀拉拉邦科钦港可以乘船到这些岛屿。

此外，主要岛屿之间的快艇提供岛间交通服务。在6—9月季风季节里，船运受到限制。阿格蒂岛是唯一一个拥有飞机跑道的岛屿，每天都有从大陆（科钦）飞来的航班。目前岛上仅有有限的基础设施。尽管还有进一步发展的空间，但是必须在受控的方式下进行，主要是为了保存拥有丰富动植物种群的敏感生态系统，同时也考虑到有限的资源，例如土地、水、电力、食物等。每个海岛的承载能力是另一个必须考虑的重要因素，它决定了允许上岛的最多人数。

在准备海岸带综合管理计划时，必须考虑所有因素，以便制订出有效的旅游发展和管理计划（表6.3）。根据海岸带综合管理计划，确定适合旅游的地区，如有需要，还提供附加的基础设施。

表 6.3　旅游实施方案分析

情况	管理选项	可行性
旅游作为主要收入来源	建设更好的基础设施，继续执行计划	影响良好
	开发无人居住海岛，扩大旅游业	对海岛经济有好处，扩大就业机会，对环境影响最小，最佳的资源消耗量
饮用水消耗，利用有限资源	贮存雨水，建立污水处理厂	潜力得以提高
增加潟湖区的水上活动	促进更多的水上运动项目，岛上设立潜水中心	开发有潜力的无人居住岛屿

土地面积较小，广泛采取有选择的方法，不建议开发需要使用大面积的项目。在某些岛屿上，以陆地为基础的项目主要是一些改善基础设施的项目。很多作为具有前瞻性发展计划一部分的建议都纳入改善现状的范畴，同时辅以合适的政策和正确的措施。

考虑到现有的基础设施和各个海岛之间的距离，把海岛进行分组；通过这种分组，海岛的旅游业将作为首要项目予以发展。确定了四个分组，即喀德马岛、阿米尼岛、切特拉特岛、契珥单岛和比蒂岛为第一组；卡瓦拉蒂岛、阿格蒂岛、班加拉姆岛和提那卡拉岛为第二组；安德萨斯岛、格尔贝尼岛、提拉卡姆岛、切里亚姆岛为第三组；米尼科伊岛和维里吉里岛为第四组。每个海岛沿海管制区以外可以用于旅游业的土地也确定下来，并示于海岸带综合管理图中。

6.5.7　对人民进行环境教育

海岸带综合管理计划推荐的发展项目要求进行环境评估，以便评估这些项目对海岸资源可能产生的影响。作为海岸带综合管理计划的一部分，提出了一些建议，以便减小负面的影响。在某些很靠近海岸的岛屿上住宅区高度集中已经影响到环境的质量。有限的土地和人口的压力已经给海岛的资源带来很大的压力。目前人口数量约为 64 000 人[11]，按目前的发展速度，到 2025 年人口将翻番。即使降低人口增长速度，有迹象表明，到 2025 年人口将增加 10 万人[12]。因此，考虑到他们拥有的有限资源，急需减少人口，建立小家庭。

6.6　岛上相关利益者的矛盾与看法

涉及海岛的主要矛盾是地下水的过度利用和海港开发、珊瑚开采等开发活动所带来的海岸侵蚀。除了这些活动之外，还有其他矛盾，例如污水和固态废物的处理、珊瑚的退化、钓饵鱼的枯竭、海岸保护等等。这些矛盾正在处理，以便减少影响，增加资源。在准备海岛执行计划时，这些问题得到了恰当的综合。

6.7　海岸带综合管理计划（ICZMP）

将海岸带综合管理计划作为海岛可持续发展的蓝图。海岸带综合管理计划的成功取决于行动计划的执行效率。有效的执行是一个演变过程，它要求管理部门的主动性和最佳技术干预相结合。管理政策、海岛委员会的主动性、技术/科学的输入和资源管理相结合是导致有效执行的重要组成部分。考虑到采集数据的工作量和后勤限制以及岛上相关利益者的互动，计划的准备是一个具有挑战性的责任。为所有有人居住的拉克沙群岛（包括无人居住的班加拉姆岛）首次准备了海岸带综合管理计划，为卡瓦拉蒂岛制订的海岸带综合管理计划样板示于图 6.1 中。这个海岛的地面高于平均海平面 3~4 m。在卡瓦拉蒂岛、阿米尼岛、安德萨斯岛、阿格蒂岛和米尼科伊岛上发现一些高出平均海平面 5 m 的小块沙丘。根据海岸带综合管理计划，拉克沙岛管理委员会已经落实了一个污水处理厂和海水淡化厂项目。根据这个计划，确定了保护区、保留区和发展区，推荐了行动方案。通过故障分析，提出有关渔业资源开发和加大捕捞量的建议。拉克沙岛拥有面积达 816.1 km² 的礁盘，按其丰富程度和珊瑚礁的状态划分为"很好、好、令人满意、不令人满意"等几个等级，也可以划分为不好到危急状态[13]。

根据分级结果，阿格蒂岛、比蒂岛和契珥单岛拥有很好的珊瑚，活珊瑚占 30% 以上；班加拉姆岛、切特拉特岛、卡瓦拉蒂岛和苏赫里岛列入良好的范围，活珊瑚占 20% 以上；阿米尼岛拥有令人满意的活珊瑚量（15%）；安德萨斯岛、格尔贝尼岛和米尼科伊岛列入不令人满意的范围，其活珊瑚量仅为 10%~15%。

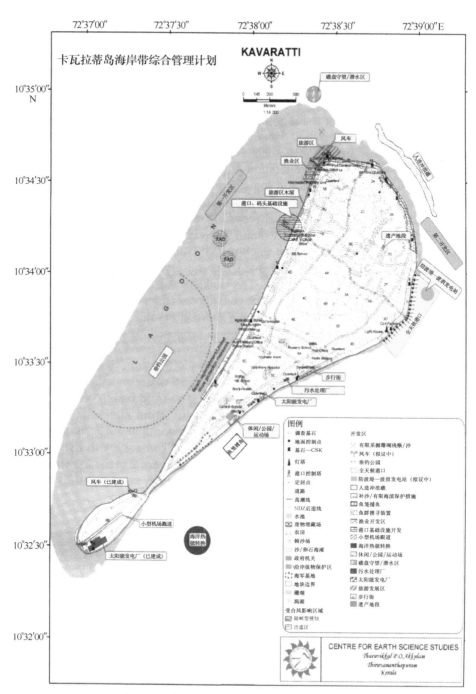

图 6.1　卡瓦拉蒂岛的海岸带综合管理计划

6.8 总结

海岛上所有保护区、保留区、发展区都已确定，也提出了行动方案。拉克沙岛管理委员会能够在不影响生态系统的前提下，利用海岸带综合管理计划作为有效的工具去规划他们的开发活动。在主要岛屿上，如卡瓦拉蒂岛（2005 年）、阿格蒂岛（2008 年）和米尼科伊岛（2010 年），都已经安装了生产力为 10×10^4 L/d 的海水淡化厂。调节建设和开发活动的沿海管制区规则是现成的，在它的指令下，协助重新确定非开发区（NDZ）的范围。坚持海岸带综合管理计划将在影响最小的情况下，协助维持敏感的珊瑚生态系统。

参考文献

［1］ Clark JR（1995）Coastal zone management handbook. Lewis Publishers，New York

［2］ Report IREL（2002）Heavy mineral budgeting and management at Chavara. Centre for Earth Science Studies，Trivandrum

［3］ Integrated Coastal Zone Management Plan（ICZMP）for Lakshadweep Island（2006）. Final report submitted to the Ministry of Environment and Forest（MoEF），Government of India，Centre for Earth Science Studies，Trivandrum

［4］ Environment Protection Act（1986）Government of India

［5］ Coastal Regulation Zone（2011）Ministry of Environment and Forest，Government of India

［6］ Island Protection Zone（2011）Ministry of Environment and Forest，Government of India

［7］ Coastal Regulation Zone（1991）Ministry of Environment and Forest，Government of India

［8］ Thomas KV，Prakash TN，Shahul Hameed TS，Raja D，Manoj B（2002）Demarcation of the HTL，LTL and no development zone along the islands of Lakshadweep（Phase-I）. Report submitted to Department of Science and Technology，UT Lakshadweep，Centre for Earth Science Studies，Trivandrum

［9］ Prakash TN，Shahul Hameed TS（2004）Site inspection report（Cyclone-2004）in Lakshadweep Islands. Submitted to UT Lakshadweep，Centre for Earth Science Studies，Trivandrum

［10］ White AT（1988）Marine Parks and reserves：management for coastal environments in southeast Asia. International Centre for Living Aquatic Resources Management Manila, Philippines

[11] Anonymous (2011) Census of India, 2011. Office of the Registrar General and Census Commissioner, India

[12] Master Plan of Lakshadweep Islands 2025 (2009). School of Planning and Architecture, New Delhi

[13] UTL (2002) Bio-physical surveys of coral reef health during 1999–2002 in Lakshadweep Islands. Department of Science and Technology, UT Lakshadweep